FACE AUX CLIMATOSCEPTIQUES
COMME AUX EFFONDRISTES

LE MONDE TEL QU'IL EST

L'éditeur tient à remercier le professeur Gérard Mourou
et Franck Pacard, professeur à l'École polytechnique.

Éditions Télémaque, 92, avenue de France, 75013 Paris
ISBN : 978-2-7533-0481-9

Arnaud de Senilhes

FACE AUX CLIMATOSCEPTIQUES
COMME AUX EFFONDRISTES

LE MONDE TEL QU'IL EST

Préface du professeur Gérard Mourou

Prix Nobel de Physique 2018

éditions
TÉLÉMAQUE

Du même auteur

Il était temps, Éditions Télémaque, 2016.

Magic world, Éditions Télémaque, 2022.

À Constance
À nous tous et à nos parents
qui avons fait ce monde

À Ninon, Bastien et Éloi
À Mathieu et Jean
À Julien Thiry et Pierre-Louis Gros
À tous nos enfants qui grandissent
Pour qu'ils pensent par eux-mêmes
au monde que nous leur léguons
qu'ils puissent autant que nous le chérir
et encore plus que nous l'embellir

À l'émerveillement
À la joie de vivre
À ceux qui bâtissent
À ceux qui osent

Sommaire

Préface

L'humanité est aujourd'hui confrontée à des difficultés effroyablement complexes et à d'immenses dangers. Qu'il s'agisse du climat, de l'énergie, de l'eau ou de la croissance de la population, les défis de notre temps sont la rançon des progrès fabuleux que nous avons accomplis depuis la fin du XIXe siècle et plus encore au cours des cinquante, trente, vingt dernières années. Le foisonnement des idées n'a jamais été aussi intense, aussi exaltant qu'aujourd'hui. Les scientifiques de tous âges, de toutes disciplines et de tous horizons vont chaque jour plus loin et plus fort que la veille. Ils ont le feu sacré et entretiennent sa flamme avec un enthousiasme absolument magique. Si cette stupéfiante explosion d'intelligence est en grande partie à l'origine des questions qui se posent à nous, elle est aussi le moyen d'y répondre. L'intelligence est la clé de l'espoir.

L'enjeu scientifique majeur auquel nous sommes confrontés est à l'évidence notre capacité à produire l'énergie de demain. Nous ne pouvons pas laisser les pays en voie de développement à la traîne des plus riches mais nous ne pouvons pas non plus continuer à dégrader notre environnement et à piller nos ressources. L'énergie de demain se doit donc d'être abondante, non polluante, renouvelable, sûre, économique et partout disponible en permanence. Chacun de ces points est un défi en soi. La bonne nouvelle est que nous avançons à pas de géant sur une quantité de solutions innovantes qui nous permettront d'adresser chacun de ces impératifs de manière efficace. Ces projets ne sont pas concurrents, ils ne se contredisent en rien. Nous devons suivre toutes les pistes qui se complètent, se chevauchent, s'interpénètrent dans le formidable chaudron de la créativité scientifique.

Qu'il s'agisse des nouvelles générations de réacteurs à fission, de la fusion prochaine qui a déjà montré qu'elle fonctionne, de la transmutation des déchets radioactifs pour les rendre stables, ou d'autres pistes, l'avenir suppose un renouvellement radical de l'énergie nucléaire. Nos contemporains commencent à le comprendre. La perception du nucléaire est en train de changer. Le démon d'hier devient la solution de demain. L'énergie nucléaire n'émet pas de gaz à effet de serre, contrairement aux énergies fossiles, et elle produit une énergie continue, contrairement à l'éolien ou au solaire. Pour devenir la panacée, il lui faut encore devenir sans risque, sans déchets, et qu'elle ne surexploite pas de ressources qui finiraient par s'épuiser. On y est presque et ma passion est de participer à cette aventure pour l'avenir de l'humanité.

Quelles que soient les solutions qui émergeront, elles passeront nécessairement par l'utilisation des impulsions ultracourtes du laser, par la physique de la « lumière extrême ». C'est un domaine aussi essentiel que passionnant auquel j'ai consacré ma vie. Si c'était à refaire, j'y replongerais avec joie. C'est fascinant. Si l'on produit un seul joule d'énergie, c'est-à-dire environ la force nécessaire sur Terre pour élever d'un mètre une pomme de cent grammes, et qu'on concentre ce tout petit joule en une impulsion extraordinairement courte, de l'ordre de la femtoseconde (10^{-15} seconde), alors on atteint un pétawatt d'énergie, c'est-à-dire la puissance de tout le système électrique mondial. Si l'on passe à l'attoseconde (10^{-18} seconde), c'est-à-dire le temps que met la lumière à parcourir trois atomes d'hydrogène, alors on obtient mille fois cette puissance. On sait le faire, la question est maintenant d'arriver à répéter ces impulsions à une cadence beaucoup plus élevée, de passer d'une fois à 1 000 fois par seconde.

Donna Strickland et moi-même avons eu le privilège de recevoir le prix Nobel de Physique pour nos travaux sur la lumière extrême. Le revers de la médaille quand on a reçu le prix Nobel est que les gens pensent que vous pouvez tout savoir, tout prévoir, ce qui est évidemment absurde. Je ne sais pas combien de temps il faudra pour finaliser les recherches sur la lumière extrême, une ou deux décennies sans doute. Je ne sais pas non plus combien cela coûtera, des dizaines, voire des centaines de millions d'euros probablement. Ce que je sais, c'est que l'on arrivera à accroître l'efficacité des lasers. À quoi cela sert-il ? On utilise déjà la lumière extrême à des fins médicales et en particulier en chirurgie optique. Demain, elle permettra aussi de réaliser le vieux rêve des alchimistes : la transmutation. Notre technique produit des neutrons de manière efficace. On peut les utiliser pour changer la structure des noyaux atomiques et en particulier ceux des déchets nucléaires. Ils perdent ainsi leur radioactivité non plus en millions d'années mais en quelques minutes. La transmutation fonctionne déjà parfaitement, nous travaillons aujourd'hui à la possibilité de l'utiliser de manière industrielle pour traiter les immenses quantités de déchets nucléaires dont on ne sait pas quoi faire… en attendant que la fusion nucléaire tienne ses promesses.

Si les problèmes sont immenses, les solutions ne le sont pas moins. Il ne s'agit pas de nier l'existence des dangers auxquels nous sommes confrontés ni de s'imaginer qu'ils vont se résoudre tout seuls, mais les sources d'espoir sont nombreuses. Malgré les tensions géopolitiques, je constate que dans notre domaine le partage des connaissances est d'une extrême richesse entre l'Europe, la Corée (du Sud, évidemment), les États-Unis, le Japon, la Chine même… et la France est plutôt dans le peloton de tête.

J'ai hérité de mon père la passion de la science. Je n'ai jamais vraiment le sentiment d'être enfermé dans mon travail, je le vis avec intensité et enthousiasme, et je sais que je ne suis pas le seul. Cela peut sembler anecdotique mais c'est en fait l'essentiel. Les solutions de l'avenir ne dépendent pas tant de connaissances livresques que de la curiosité, de la passion, de la jubilation même des chercheurs… et elles sont là, plus vibrantes que jamais.

Professeur Gérard Mourou
Prix Nobel de Physique 2018

Voir le monde tel qu'il est...

Le monde est beau... il n'est pas parfait... mais il est beau.

Le monde est plein de dangers, de dangers nouveaux, de dangers réels qui sont parfois un peu différents de ceux qu'on nous rabâche à longueur de réseaux sociaux... mais il est beau.

Le monde est bien plus beau qu'hier. Il n'a jamais été aussi peu dangereux pour l'homme, l'homme n'y a jamais été aussi bien, l'homme n'y a jamais vécu aussi longtemps, aussi sainement, aussi bien nourri, aussi bien soigné, aussi peu victime de la pollution – oui, de la pollution –, des épidémies et autres catastrophes naturelles. Il n'y a jamais eu aussi peu de misère, aussi peu de famines, aussi peu de guerres, aussi peu d'enfants qui meurent en bas âge... et on pourrait continuer cette fabuleuse litanie pendant des pages et des pages.

Ces améliorations – que dis-je ? –, ces bouleversements merveilleux, qui se concentrent pour l'essentiel sur le dernier demi-siècle, sont sans précédent dans toute l'histoire de l'humanité. C'est d'autant plus incroyable que les défis que l'humanité a dû surmonter pendant cette période étaient d'une tout autre ampleur que ceux, réels, auxquels nous sommes aujourd'hui confrontés. Le nombre d'habitants de la planète a plus que doublé depuis le début des années 1970. Les prévisionnistes, les scientifiques de tout poil tiraient alors toutes les sonnettes d'alarme. Bien avant la fin du xxe siècle, cette folie démographique devait tourner à la catastrophe généralisée, le cataclysme le plus grave que l'humanité ait jamais connu. Il était à l'évidence radicalement impossible que l'on puisse nourrir tant de monde, alors que les famines sévissaient déjà de manière endémique du Biafra au Bangladesh et de la Chine à l'Amérique latine. Tout cela aurait pu, aurait *dû*, se résoudre par des famines plus massives encore que celles qui sévissaient alors, entraînant un cortège d'épidémies et des guerres dévastatrices – bref, l'embrasement de la planète et la mort d'êtres humains par milliards.

C'est l'inverse qui s'est produit.

Cette incroyable expansion de la population a bien eu lieu, mais, contre toute attente, elle s'est accompagnée d'une révolution du bien-être, une révolution qui n'a pas profité qu'aux pays déjà riches mais qui s'est étendue partout sur la planète, y compris dans les endroits les plus pauvres de notre petit globe comme l'Afrique subsaharienne ou le Tadjikistan.

Le monde est beau, bien plus beau que jamais.

C'est un fait indéniable. Il suffit de reprendre chacun des grands thèmes esquissés ci-dessus et de se promener un quart d'heure sur Internet pour en trouver la preuve aveuglante, point par point : santé, famines, hygiène, misère, les progrès sont hallucinants et, au bout du compte, la durée de la vie, et surtout de la vie « en bon état », s'est allongée d'une manière proprement incroyable.

Il ne s'agit pas, pour autant, de s'extasier avec un sourire béat sur les choses merveilleuses que nos parents et nous-mêmes avons apportées au monde, même si, au mépris de l'évidence, la mode est de mettre au ban de l'humanité les générations nées de 1950 à 2010. Il s'agit encore moins de se contenter des progrès hallucinants que nous avons réalisés, sans réagir face aux nouveaux défis qui nous menacent comme celui du réchauffement climatique. Il s'agit juste de nous nourrir de ce que nous avons appris pendant ces décennies fantastiques : il est absurde et dangereux de sombrer dans le pessimisme le plus noir, de critiquer le monde comme étant le pire que nous ayons jamais connu, ce qui est une contrevérité flagrante. Si nous voulons relever les défis de notre temps, il nous faut au contraire regarder en face avec courage et enthousiasme les problèmes réels que le monde connaît encore et qui ne se résument pas, malheureusement, au seul changement climatique. C'est le seul moyen de les affronter pour les résoudre avec optimisme et espoir comme nous l'avons fait de 1950 à 2020 compris, pour simplifier…

Mais…

… nous sommes en permanence soumis à une bien-pensance déprimogène, à une dénonciation haineuse de notre monde prétendument plus malade que jamais. Nous sommes enfermés dans le carcan d'une « morale » du désespoir, plus rigide, plus intransigeante, plus castratrice que celle des pires moments de la période victorienne.

On peut – on doit, même – faire cette constatation sans pour autant être des inconscients, des conservateurs étriqués, aveugles, égoïstes, conformistes, des valets du grand capitalisme international, des « rassuristes » ou des climatosceptiques...

Le réchauffement climatique est une réalité. Son accélération dramatique du fait des activités humaines est indéniable. Les effets du réchauffement sont déjà préoccupants, et ses conséquences futures, d'une vraie gravité. Au-delà même du réchauffement, notre monde est confronté à des dangers immenses : la surpêche, le retour des guerres de conquête, la déforestation, la famine, la pollution de l'air et des eaux – qu'il s'agisse des nappes phréatiques ou des océans envahis de déchets plastiques –, la croissance exponentielle de la population humaine sur notre petite planète, la diminution de la biodiversité, les pandémies à répétition, l'épuisement général de nos ressources au premier rang desquelles les énergies fossiles, l'accès à l'eau des plus pauvres et bien d'autres encore.

Et pourtant le monde est plus beau qu'il n'a jamais été.

La prise de conscience environnementale et sociale doit être l'un des axes majeurs qui guide nos actions sur les plans politique, économique, industriel et même individuel.

Et pourtant il y a mille raisons d'être optimistes, pleins d'espoir. La première de ces raisons est que c'est cet optimisme, et non la déprime ou la mise en place d'un fascisme écologique dont les conséquences seraient cataclysmiques, qui nous aidera à surmonter les défis auxquels nous sommes confrontés.

Il ne s'agit en aucun cas ici ni de nier ni de minimiser les problèmes que le monde connaît et moins encore la nécessité vitale d'y apporter des remèdes. Bien au contraire, il s'agit de proposer à chacun de s'arrêter un peu sur le bord du chemin pour regarder le monde tel qu'il est et non tel qu'on nous le montre et moins encore tel que nous le fantasmons. Il est temps de nous forger une opinion fondée non pas sur les raccourcis des médias et les discussions du café du commerce, mais sur la réalité des faits et sur leur mise en perspective.

Un soir de mon enfance, mon parrain me reconduisait en voiture à la maison. Ce très respectable médecin conduisait son auto avec la grande prudence dont il faisait un dogme. Tout à coup, un chauffard déboulant par-derrière à toute vitesse, après avoir grillé un feu rouge, se mit à klaxonner comme un perdu pour qu'il le laisse passer. Indifférent à la provocation de ce danger public, mon parrain continua son train de sénateur. Il fallait donner une petite leçon à ce fou du volant. S'il essayait de passer de droite ou de gauche, mon parrain infléchissait légèrement sa trajectoire pour bloquer le paltoquet. Excédé, celui-ci se mit à pousser le pare-chocs de la voiture de mon parrain avec le sien en klaxonnant de plus belle. Un stop dans une rue étroite à sens unique. Toujours aussi flegmatique, mon parrain s'arrêta bien ostensiblement. Le conducteur de la voiture folle se précipita, portière ouverte, et agonit mon parrain d'injures. Sa femme était en train d'accoucher dans la voiture et la maternité était encore à 500 mètres.

Mettre les choses en perspective... pas les nier, juste essayer de les comprendre. Le chauffard roulait trop vite. Rouler trop vite, c'est un danger. L'urgence était de calmer le chauffard en ralentissant sa course folle... Mais sa femme accouchait. Il faut savoir ne pas se tromper d'urgence.

Pour ne pas se tromper d'urgence, pour ne pas réagir au danger par la peur et le simplisme, il nous faut adopter une attitude qui permette de prendre la véritable mesure non seulement du problème écologique, mais aussi des autres menaces qui se font jour dans un monde qui est bien différent – en bien comme en mal – de la simplification un peu bébête qu'on nous en rabâche ou même que nous nous sommes forgée à partir d'impressions et non sur la base des faits.

Le réchauffement climatique et la pollution sont des problèmes suffisamment graves pour que nous n'y répondions ni par une peur irraisonnée ni par une espèce de défaitisme mortifère.

Ne nous laissons pas envahir par le burn-out écologique.

Certains des passages qui suivent sembleront dérangeants, choquants ou même carrément scandaleux, car ils se démarquent de la pensée qu'on nous impose. Les dogmes de la bien-pensance ont quelque chose de religieux. La faute collective, la peur du châtiment – terrible –, l'urgence de la rédemption sont au programme. Rien de nouveau, somme toute, au pays des fanatiques. Essayer de revenir à un raisonnement aussi serein que conscient des enjeux, c'est être un mécréant, un infidèle à abattre. Oser exposer les *faits* qui ont le culot de ne pas tous, toujours, aller dans le sens unique de la pensée du même nom, c'est se heurter au sacré, c'est s'excommunier de la communauté des personnes éveillées qui – elles – sont conscientes des dangers qui nous entourent. En aucun cas les faits, si avérés et réels soient-ils, ne sauraient mettre en doute la vérité toute nue dévoilée par Sainte Greta et quelques autres. Si les faits ne confirment pas le dogme, alors les faits se trompent.

Il ne s'agit pas non plus d'entonner à plein poumons les antiennes des climatosceptiques ou de minimiser les vrais et graves dangers du réchauffement climatique en particulier.

Nous proposons autre chose. Nous proposons de réfléchir par nous-même au lieu d'adhérer aveuglément à l'un ou l'autre des discours ambiants, d'accepter que la réalité ne soit pas uniformément blanche ou noire mais qu'elle passe par une multitude de nuances de gris et même par l'indigo et le vert pomme.

Oui, le réchauffement climatique est un problème.

Oui, la pollution est un problème.

Non, il ne faut pas faire n'importe quoi dans l'urgence en ne retenant des faits que ceux qui alimentent le malaise. Il faut éviter que les mesures irréfléchies guidées par la peur n'aboutissent à des catastrophes pires encore que celles que l'on est censé combattre. Il faut que la femme du chauffard arrive à la maternité.

L'écologie est une science. C'est l'une des clés essentielles qui doit libérer notre avenir et améliorer le monde. N'en faisons pas une idéologie qui devienne un verrou qui bloque notre avenir et détériore le monde.

Il est dans la nature des idéologies de jeter l'anathème sur ceux qui ne les suivent pas... sur ceux qui ne les suivent pas *aveuglément*. Dès que l'on refuse de se fustiger, de geindre, de voir l'avenir comme une sombre série d'inévitables catastrophes, les éco-idéologues, les populistes de droite comme de gauche, les déclinistes de tout poil nous assènent leur mépris, hurlent à l'inconscience face aux problèmes du monde, à l'attachement égoïste à notre petit confort, quand ce n'est pas au négationnisme de l'urgence écologique au profit de la « finance ».

Amen.

Soyons donc bien clair : oui, les problèmes du monde existent, il n'est pas question de les ignorer pour des questions de confort et, oui, il existe de grands capitalistes inconscients qui abîment notre planète au nom d'un profit court-termiste.

Mais, face à ces défis, la bonne attitude n'est pas de scander avec les foules les préceptes sacrés de telle ou telle chapelle climatosceptique ou décliniste. Ce n'est pas non plus de sombrer dans le défaitisme, dans le désespoir des fanatiques qui nous hurlent sur tous les tons que nous courons à l'apocalypse à très court terme. La « bien-pensance apocalyptique » est partout, à chaque coin de rue, à chaque émission de radio ou de télé, à chaque post sur les réseaux sociaux, dans chaque film hollywoodien ou franchouillard. Elle est d'autant plus insidieuse qu'elle continue – contre l'évidence – à se poser comme étant la salutaire réaction d'une minorité de personnes conscientes dont la mission serait de réveiller au bord du gouffre l'humanité endormie par les sirènes de la finance internationale.

Les « lanceurs d'alertes » sont légion pour nous annoncer la fin du monde imminente... mais ils le font depuis longtemps, plus de cinquante ans, à dire le vrai ! Cela fait plusieurs fois que leurs prévisions cataclysmiques ne se sont pas réalisées ni à l'heure prévue... ni même bien après. Il y a peut-être matière à réfléchir un peu, non ?

Il y a une autre voie que de suivre les gourous du populisme, les injonctions écologistes, les actions brutales de groupes comme Extinction Rébellion, qui prétend à la non-violence mais bloque le métro ou les ponts de Londres, ou les Soulèvements de la Terre qui pratiquent carrément l'éco-terrorisme. La police est-elle vraiment la seule responsable de la mort en 2014 de Rémy Fraisse à l'âge de 21 ans dans une action ultraviolente destinée à empêcher la construction du barrage de Sivens, pourtant hautement écologique, pour défendre une « biodiversité » qui n'était absolument pas en danger ? Est-il normal que, pour s'opposer à une « mégabassine » à Sainte-Soline en mars 2023, des centaines de « black blocs » cagoulés fassent sauter deux cars de policiers avec des cocktails Molotov et qu'on ait arrêté de paisibles promeneurs munis de battes de baseball, de boules de pétanque et autres couteaux de chasse après avoir compté plusieurs dizaines de blessés de part et d'autre ? Il faut bien s'opposer au pillage de l'eau... mais personne ne nous dit que cette réserve destinée à éviter les prélèvements d'eau pour l'irrigation des cultures pendant l'été en se remplissant l'hiver a fait l'objet d'une étude d'impact du BRGM qui démontre que son effet est bénéfique et non dangereux ; on passe sous silence que les prélèvements d'eau pendant l'hiver ne seront effectués que si des seuils minimaux de remplissage des nappes phréatiques sont respectés.

Nous pouvons, nous devons, porter un regard critique sur les programmes simplistes des « y'a qu'à faut qu'on » et leurs dérives ultraviolentes. Nous pouvons essayer de voir le monde tel qu'il est et non tel qu'on nous le vend. La femme et l'homme de la rue que vous et moi les premiers nous sommes, nous nous repaissons des catastrophes qui emplissent les écrans de nos portables, de nos tablettes, de nos télés, de nos ordinateurs. On en rajoute au café du commerce, dans les réunions de famille ou même en passant le joint à nos copains tout aussi accablés que nous. Les Cassandres qui nous annoncent la fin du monde pour demain matin nous fascinent. Nous avons tous tendance à nous faire valoir en répercutant, amplifiant, déformant leurs prophéties de fin du monde climatique, politique, financière, migratoire, j'en passe et des meilleures. Les médias ne parlent jamais des trains qui arrivent à l'heure, nous non plus. C'est humain… mais cette facilité n'est pas nécessairement la bonne approche.

Le monde est plus complexe que les caricatures que nous nous en faisons et Dieu sait qu'elles sont à la mode, les caricatures, depuis une bonne décennie.

Ennemis en apparence, les éco-idéologues, les populistes, les Trump, les brexiters, les lepénistes et l'alliance des extrêmes à l'italienne, les Gilets jaunes, les climato-fascistes prêts à commettre des attentats pour réveiller les foules, les Maduro et leur ami Mélenchon, les Bolsonaro et les Poutine, les fondamentalistes musulmans mêmes, dans leur genre… Tous au fond sont le fruit des caricatures du monde dont nous nous repaissons. Le monde est envahi de réactionnaires de gauche, de droite ou d'ailleurs au discours simpliste et racoleur.

La pensée unique, ce n'est pas telle ou telle posture religieuse, environnementale, politique, même si, au bout du compte, elles finissent toutes par se ressembler. La pensée unique, c'est la pensée simpliste de gauche extrême comme d'extrême droite. C'est le blanc et noir, la recherche du bouc émissaire, les « solutions » finales aussi aveuglantes de simplicité que vibrantes d'incompétence, les « il faut le faire à tout prix ».

Ouh là, c'est très exagéré, carrément provocateur, on croirait lire du Zemmour. C'est la défense habituelle de la pensée unique : rejeter d'un revers de la main, sans débat, ce qui ose contredire ses diktats infaillibles. La pensée unique, c'est l'intolérance.

Étayons donc notre propos. Quels sont les points communs de tous ces populismes ?

Tous, ils construisent leur discours sur la peur. Les coupables peuvent être différents, le mécanisme est toujours le même. Le grand Satan, les migrants, les Américains, les Infidèles, l'axe du Mal, la mondialisation, les Juifs, la finance, l'Europe, la pollution, les musulmans, le capitalisme international, les politiques, le réchauffement climatique, l'Occident, les immigrés, les croisés… peu importe la justesse ou la sottise du choix des dangers qu'ils agitent, c'est le principe même du bouc émissaire, de la peur de l'inconnu quel qu'il soit, qu'il faut remettre en question.

Tous, ils prônent un retour au passé plus ou moins fantasmatique, à un bon vieux temps où tout était tellement mieux. « Make America Great *Again* », revenons à la Charia du Prophète, retournons à la nature de nos pères, rétablissons la grandeur des tsars, de la France…

Dogmatisme, totalitarisme…

Tous proposent des solutions tellement simples aux problèmes du monde qu'on se demande comment nous autres imbéciles suicidaires ne les avons pas déjà adoptées depuis longtemps. Construisons un mur pour empêcher les Mexicains d'entrer, nationalisons les entreprises, contrôlons Internet, virons les immigrés, interdisons les voitures, taxons les multinationales, refusons l'entrée aux réfugiés, exproprions les financiers…

Le Mexicain est le coupable du trumpiste comme l'infidèle est celui du fou de Dieu. L'éco-idéologue est sincèrement convaincu que nous sommes tous collectivement coupables d'avoir tant dégradé la planète que nos enfants en mourront à petit feu… Pis : nous ne sommes pas seulement TOUS coupables à leurs yeux… CHACUN de nous est coupable.

Eh bien non, nous ne sommes pas tous coupables et encore moins chacun d'entre nous. Je ne suis coupable de rien et vous non plus.

Il s'agit juste de proposer une approche différente, de refuser de nous flageller, de « dénoncer » une « culpabilité collective », de penser enfin les graves problèmes auxquels nous sommes confrontés en termes positifs et de solutions et non négatifs et de dénonciations.

Les Mexicains, les agriculteurs, les émigrés, les Chinois – que sais-je ? – ne sont pas coupables. Il n'y a pas d'infidèles à convertir. Il n'y a pas un petit groupe de financiers internationaux qui s'entendent pour mettre le monde en coupe réglée au mépris du plus grand nombre et de la planète. JE – vous, moi, la plupart des gens qui sommes tous les « coupables » de quelqu'un ; JE en général, donc – JE n'ai rien fait.

« C'est bien ce qu'on te reproche ! », nous assène-t-on. « Tu n'as rien fait, tu aurais dû te révolter, trier tes poubelles, te convertir, rouler à vélo, te mettre en grève, arrêter d'aller à l'école un jour par semaine… »

C'est très précisément ce type d'attitude que nous ne devons plus admettre. « On » n'est pas coupable de vivre et de participer au monde tel qu'il est. Nous ne le deviendrions que si nous agissions sciemment au détriment de l'environnement, de la vie, de notre prochain et, au bout du compte, de nous-mêmes.

Vous faites une chose pareille, vous ?

Bien sûr, il existe des coupables. Bien sûr, il y a des abus, des recherches effrénées de profit qui ne mesurent pas les dommages qu'elles entraînent ou – pis – qui les mesurent parfaitement mais qui passent outre. Ce monde n'est pas parfait et il y a un peu partout sur la planète une kyrielle de salopards qui vont du petit malin, qui mérite d'être rabroué – nous en connaissons tous et nous le sommes nous-mêmes parfois –, au grand criminel, et en particulier au criminel environnemental, qu'il faut empêcher de nuire. Il y a aussi des gens de bien, que nous sommes nous aussi de temps en temps, et qui vont de ceux qui trient leurs déchets chaque jour aux scientifiques du GIEC qui mesurent sérieusement les effets du réchauffement et proposent des mesures.

Et puis il y a vous, moi, nous tous qui nous répartissons un peu partout dans le large espace qui sépare les grands nuisibles et les bienfaiteurs de l'humanité. Nous sommes tous un peu conscients, un peu inconscients, un peu égoïstes, un peu altruistes, mais en aucun cas coupables d'une culpabilité collective dont nous devrions rougir.

Nous devrions tous être allergiques à cette idée nauséabonde de culpabilité collective.

Essayons plutôt de raisonner en nous fondant sur des faits plutôt que de gober tout rond le « simplisme » ambiant. Arrêtons de chercher des coupables là où l'on devrait comprendre des situations. Refusons que des prophètes autoproclamés nous intiment l'ordre de réagir dans l'urgence en oubliant que ce sont les dangers que nous devons traiter et non notre peur qu'il faut conjurer.

On peut le faire à notre niveau d'hommes et de femmes de la rue, sans prétendre détenir une vérité universelle ou être spécialiste de tel ou tel sujet que l'on se croit autorisé à aborder, mais en recherchant l'information juste et en lisant, pour comprendre cette information, ce qu'écrivent les gens de tout bord, même les menteurs et les imbéciles dès lors qu'on ne les sélectionne pas tous dans la même chapelle.

L'idée est de se donner les moyens de se forger une ou, plutôt, des opinions sans doute imparfaites mais qu'on ne va pas chercher au supermarché des idées en boîte. Le problème, avec les salades d'idées toutes faites, c'est qu'on ne peut pas vraiment choisir, qu'on ne connaît pas vraiment la provenance de chacun des ingrédients et que parfois la sauce en est un peu frelatée.

Pourquoi ne pas plutôt essayer de cuisiner notre propre pensée sur des sujets aussi graves ? Le propos n'est pas de rechercher l'originalité à tout prix et moins encore de choquer en prenant systématiquement des positions paradoxales. Il est de se renseigner, de réfléchir puis de conclure de manière sincère, en refusant tout *a priori* et toute allégeance. Nous arriverons bien sûr, parfois, aux mêmes conclusions que d'autres mais nous saurons par où nous sommes passés, nous comprendrons un peu mieux les nuances de la réalité que les discours racoleurs ont tendance à nous masquer.

Tout au long de ces pages, certaines idées, certains faits reviendront plusieurs fois sous des formes un peu différentes, dans différents contextes.

Que ceux qui sont plus rapides que l'auteur pour saisir toutes les conséquences de tel ou tel fait, de telle ou telle idée, soient assez indulgents pour excuser ces répétitions mais pour moi elles sont indispensables. Un même fait, un même raisonnement participent à plusieurs aspects de la réalité qui nous entoure. Une même idée peut enrichir plusieurs points de vue, on saisit mieux certaines subtilités quand elles se présentent de manières différentes. Tant pis si certains peuvent à juste titre estimer que la pensée pourrait être plus ordonnée et plus concise. Il ne s'agit pas de prétendre à l'excellence littéraire ou intellectuelle; il s'agit juste d'apporter, parmi d'autres, une pierre à la compréhension par vous et moi des grandes questions de notre siècle.

Essayons de montrer que l'espoir n'est pas mort; bien au contraire, que les solutions existent, que les problèmes sont parfois un peu différents de ce que l'on peut croire ou dire, que le monde est beau et que le sourire n'est pas vain.

Une dernière chose avant d'entrer dans le vif du sujet: j'ai fini par renoncer à mettre une référence, une note de bas de page, un renvoi en index après chaque chiffre ou chaque fait. C'était un choix douloureux. Je me suis trop rendu compte en lisant tel ou tel livre – y compris certains de ceux qui sont cités en bibliographie – qu'il était bien facile de multiplier les notes savantes pour se parer des couleurs de l'irréfutabilité scientifique tout en n'hésitant pas à déformer éhontément les chiffres, les textes et/ou les idées que l'on trouve lorsque l'on recherche «pour de vrai» la source citée. Je ne souhaite donc pas m'attribuer la crédibilité des autres. J'ai renoncé à ce procédé que je trouve, au bout du compte, potentiellement malhonnête. Sachez juste qu'aucun chiffre, aucun fait cité n'est inventé de mon cru et surtout que tous sont faciles à vérifier sur Internet si vous en éprouvez le besoin.

Ces quelques pages ne sont qu'une pierre dans un édifice. Tant mieux si vous en cherchez d'autres, tant mieux si vous vérifiez par vous-même telle ou telle assertion... et si vous ne le faites pas, ce qui est généralement mon cas lorsque je parcours un essai, alors ces références vous sont de toute façon inutiles.

Bienvenue dans le monde réel.

Les faits sont têtus

Jusqu'à la fin des années 1980, le grand public et la plupart des scientifiques ignoraient jusqu'à l'existence du réchauffement climatique. Personne ne pouvait donc légitimement en être considéré comme coupable. La culpabilité suppose une intention de nuire ou, *a minima*, une négligence face à des faits connus ou, à l'extrême limite, soupçonnés.

Aujourd'hui, le Groupe Intergouvernemental d'Experts sur l'Évolution du Climat – le fameux GIEC – regroupe 195 États depuis bientôt quarante ans. Il vient de rendre son sixième rapport, en plusieurs fois entre 2022 et 2023. Il n'est plus raisonnablement possible d'ignorer ce qui se passe.

Comment peut-il se faire que l'infamie capitaliste puisse continuer en toute impunité à commettre le pire des crimes contre l'humanité qui n'aient jamais été perpétrés dans l'histoire, puisque, pour la première fois, il touche l'ensemble de la planète et qu'il est irréversible ? Comment se fait-il que les gouvernements du monde entier ne fassent rien ou – pis – se contentent de mesurettes insuffisantes face aux cataclysmes qui s'annoncent ? Comment peuvent-ils ne pas se rendre compte à quel point il est urgent d'arrêter immédiatement l'émission de gaz à effet de serre, d'organiser enfin la décroissance heureuse, la fin de la surconsommation qui épuise la planète et la fait brûler ? Ne faut-il pas renoncer à mettre au monde de nouveaux enfants qui seront condamnés à vivre dans l'enfer libéral surchauffé que nous concocte l'aveuglement de la finance internationale avec la complicité des pourris de la politique ?

Toutes ces questions sont posées, plus ou moins crûment, parfois de manière agressive, surtout par les plus jeunes d'entre nous. Ce ne sont pas des questions : elles contiennent leur propre réponse. Ce sont des condamnations sans appel mais aussi sans réflexion.

Le problème de l'évolution du climat et de ses conséquences est bien trop sérieux, bien trop complexe pour que les solutions à y apporter puissent être aussi simplistes que le dégagisme des boucs émissaires financiers et politiques.

Avant de plonger dans la plus noire des déprimes au point de ne plus vouloir mettre d'enfants au monde, avant d'imposer dans l'urgence les mesures si simples et si évidentes que prône le grand « y'a qu'à faut qu'on » au risque de recréer la misère la plus noire dans les pays les plus pauvres, ne faut-il pas s'interroger sur ce que nous savons vraiment du réchauffement climatique, sur les conséquences de ce que proposent les sectateurs de la « décroissance heureuse » ?

Voici donc quelques faits, tous aisément vérifiables. Aucun de ces faits n'est un délire de climatosceptique. Ils ne viennent pas essayer d'expliquer que le réchauffement climatique n'existe pas ou qu'il ne s'accélère pas du fait des activités humaines, bien au contraire. Leur seule vertu n'est pas de démontrer quoi que ce soit ; elle est de nous faire comprendre que la réalité n'est pas simple et univoque, et que nous devons nous méfier du prêt à penser, ce qui ne nous empêchera pas par la suite de nous interroger sur ce qu'il faut faire face à l'évidence du réchauffement climatique.

Le réchauffement dans l'histoire

Essayons un petit quiz rapide :

• Quel est le principal gaz à effet de serre ?

C'est, de très, très loin, la vapeur d'eau. Elle représente à elle seule plus de 60 % de la totalité de l'effet de serre, tandis que le CO_2 ne représente que moins de la moitié de cela (environ 28 %).

• Sur ces 28 % de CO_2, quelle est la part qui provient des activités humaines ?

Entre 2 et 5 % selon les estimations ; le reste provient de la nature et du cycle normal du carbone qui est un cycle naturel comme celui de l'eau. En d'autres termes, les activités humaines ne sont responsables que de 0,5 à 1,4 % du stock de gaz à effet de serre, mais aussi de leur émission (la vapeur d'eau est également un cycle en perpétuel mouvement).

• Le CO_2 est-il un polluant ?

Absolument pas. Le CO_2 est une composante très minoritaire de l'air ambiant et de l'atmosphère en général, environ 0,04 % de l'atmosphère. Pour rare qu'il soit, c'est un composant indispensable sans lequel la vie sur Terre ne serait juste pas possible. L'air sec – vapeur d'eau exclue, donc – se compose très majoritairement d'azote (environ 78 %) et minoritairement d'oxygène (environ 21 %). Le troisième composant le plus important est l'argon qui représente environ 1 %. Si l'on s'en tenait à ces arrondis, il n'y aurait même pas de place pour mentionner le CO_2 qui n'existe dans l'atmosphère qu'à l'état de traces. Il y en a 25 fois moins que l'argon.

• L'humanité a-t-elle déjà été confrontée à des niveaux de chaleur climatique aussi élevés que ceux que nous connaissons aujourd'hui ?

Oui, bien sûr. L'humanité a connu à plusieurs reprises des périodes de chaleur moyenne équivalente ou plus élevée que celle que nous connaissons. Il faisait plus chaud dans l'hémisphère Nord au XIVe siècle (cinq cents ans après Charlemagne, à l'époque de Philippe le Bel) que dans les années 1990.

Bref, on pourrait continuer indéfiniment à battre en brèche nos certitudes simplistes, mais le propos n'est pas d'établir une liste des idées préconçues, il est juste de mettre en valeur que les faits ne sont pas simples.

Pour tenter d'éviter que ce livre ne soit jeté aux orties à la lecture des quelques pages qui viennent, réaffirmons encore une fois quelques idées-forces : le problème climatique existe, la température a augmenté de 1 °C en moyenne sur Terre depuis l'ère pré-industrielle. Le réchauffement continue à s'accélérer, et c'est en grande partie le fait des activités humaines. Les conséquences du réchauffement sont graves, il faut dès maintenant prendre des mesures pour y remédier, nous allons y venir. Ces idées-forces guident la réflexion fondamentale de ces pages. Elles ont été écrites pour nous aider à prendre la juste mesure de ce grave problème et des solutions à y apporter mais en tenant bien compte de toutes les conséquences et en essayant de comprendre les politiques mises en œuvre un peu partout sur la planète par des gens qui ne sont pas tous des imbéciles inconscients.

Les faits sont les faits. Les fantasmes et les préjugés ne le sont pas. Les impressions que laissent des informations diffuses ne sont pas des faits non plus. Le simplisme ambiant n'est pas sacré. Nous devons nous autoriser à regarder les faits dans leur ensemble, et pas seulement à sélectionner ceux qui vont dans le sens des idées préconçues qu'on nous serine à longueur de journée.

Ce n'est pas être climatosceptique – je ne le suis pas, bien au contraire –, c'est juste essayer de voir le monde tel qu'il est.

Les scientifiques donnent des avis, font des projections, lancent des alertes. Tant mieux, il faut qu'il en soit ainsi... mais cela ne veut pas nécessairement dire qu'ils détiennent une vérité absolue lorsqu'ils se hasardent à faire des pronostics sur le climat à moyen et long terme. Il faut qu'ils fassent leur travail, bien sûr, il faut qu'ils fassent leurs projections, mais il faut aussi se rappeler que les projections ne sont que des modèles qui se fondent sur les éléments connus au moment où elles sont faites, pas des prédictions... Lorsqu'il s'agit de prédire l'avenir, nous devons relativiser le dogme de l'infaillibilité scientifique. Nous ne pourrons savoir si les modèles qu'ils échafaudent fonctionnent et si leurs projections à trente ou cinquante ans sont justes... seulement dans trente ou cinquante ans, ce qui ne nous aide pas beaucoup pour prendre nos décisions aujourd'hui.

En revanche, on peut faire deux choses utiles. D'abord, on peut regarder ce qu'ils disaient il y a cinquante ou trente ans sur ce qui devrait se passer maintenant et comparer leurs prévisions avec la réalité actuelle. Ensuite, on peut regarder ce qui se passe pour leurs projections à plus court terme lorsque les faits le permettent.

Qu'est-ce que cela donne ?

Dans les années 1970, grâce à l'essor de l'informatique, plusieurs modèles d'évolution du climat ont été développés. La doctrine scientifique majoritaire affirmait à l'époque que nous allions au-devant d'un refroidissement de l'ordre de – 3,5 °C à l'horizon 2050. Plusieurs des scientifiques qui ont contribué à développer ce premier modèle ont ensuite participé au GIEC et se sont contredits sans le moindre complexe.

On aurait tort de se moquer des scientifiques qui se sont ainsi contredits.

Ils ont eu bien raison.

La science est une interprétation des faits en fonction des connaissances disponibles à un moment donné. Ce n'est pas pour l'avenir une source de vérité absolue à laquelle il faut adhérer religieusement. Un scientifique qui ne réviserait pas ses positions à l'épreuve de la réalité serait un sot.

Cela étant, d'autres se sont montrés plus clairvoyants. Il est curieux de constater que les modèles très minoritaires prévoyant à l'époque un réchauffement climatique ont été développés avec le soutien de grandes firmes pétrolières comme Exxon ou Total, mais, quelle que soit la source des financements qu'ils peuvent recevoir, rares sont les scientifiques sérieux qui truquent leurs conclusions pour faire plaisir à leurs sponsors, même si l'on entend dire le contraire à longueur de temps. Quoi qu'il en soit, les rares modèles de réchauffement climatique à l'époque avaient annoncé, démonstrations chiffrées imparables à l'appui, un réchauffement de 9 °C à l'horizon 2020 et une montée des eaux de

3 mètres. Cinquante ans plus tard, force est de constater que cela ne s'est pas non plus produit.

Qu'en est-il aujourd'hui ?

Pour en juger, il faut remettre les données dans leur contexte. Le temps de la nature n'est pas le même que notre temps à nous autres humains. Nous sommes, depuis environ 12 000 ans, au cœur d'une période interglaciaire, l'Holocène, qui suit le dernier âge glaciaire, période appelée chez nous la glaciation de Würm qui a duré plus de 100 000 ans. Cette alternance de glaciation et de réchauffement se produit régulièrement sur notre planète. Elle en connaîtra d'autres et soyons clair : les effets des glaciations sur la biodiversité sont bien plus drastiques que les effets des réchauffements climatiques qui les suivent. Ni les glaciations ni les réchauffements n'ont entraîné la disparition de la vie en général. Ils n'ont pas non plus empêché le développement de l'humanité dans son état actuel. Les *Homo sapiens* que nous sommes existent au stade ultime de leur développement – ou, du moins, de leur développement actuel – depuis 2 000 siècles. Nous avons donc déjà connu une alternance de réchauffements et de froids très intenses.

Les facteurs de l'apparition des âges glaciaires et des réchauffements interglaciaires ne sont pas complètement compris. Ces facteurs sont, en tout état de cause, extrêmement complexes et enchevêtrés. La composition de l'atmosphère, qui évolue aussi en l'absence d'activité humaine quantifiable, y joue certes un rôle, mais ce rôle est relatif. C'est ainsi, par exemple, que la glaciation de la fin de l'Ordovicien est intervenue alors que l'atmosphère connaissait des concentrations de CO_2 des dizaines de fois supérieures à ce qu'elles sont aujourd'hui. Cela s'explique par l'intervention d'une quantité d'autres facteurs comme l'activité solaire, le mouvement des plaques tectoniques, les modifications de l'orbite terrestre, la fluctuation des courants océaniques...

Revenons au temps présent. Notre période interglaciaire actuelle n'a donc commencé qu'il y a 12 000 ans. Cela ne représente qu'environ 5 à 6 % de l'histoire de l'humanité. Pendant cette période, il y a eu une quantité d'épisodes d'augmentation de température, notamment jusqu'au début de la période romaine, de stagnation au cours des presque 2 000 ans qui ont suivi puis de fortes baisses depuis le milieu du XIVe siècle jusqu'à 1910. Ces cinq siècles-là ont constitué ce qu'on a appelé dans l'hémisphère Nord la « petite glaciation » avec des hivers très rigoureux – l'hiver, on traversait à pied la Seine ou la Tamise gelées – et des famines récurrentes.

On calcule aujourd'hui l'augmentation des températures en prenant comme point de départ le début de l'ère industrielle, c'est-à-dire à peu près l'année 1880 – si l'on prend 1850, il faut ajouter environ 0,2 °C, peu importe. On comprend qu'il y ait réchauffement, puisqu'on était encore, à ce moment-là, au cœur de la « petite glaciation » et que les températures ne recommenceront à monter de manière naturelle que trente – ou soixante – ans plus tard !

Soyons clair : on a, en effet, gagné environ 1 °C de température depuis 1880, mais ce n'est ni seulement ni même principalement le fait de l'activité humaine.

Lorsque la bascule s'est faite, au début du XXe siècle, la température a régulièrement augmenté jusqu'en 1945. Elle a gagné 0,6 °C sur trente ans alors que l'activité humaine ne produisait pas une quantité suffisante de gaz à effet de serre pour expliquer ce réchauffement. En revanche, sur les trente années suivantes, de 1945 à 1975, la température a régulièrement *baissé* alors que les rejets de gaz à effet de serre augmentaient considérablement. C'est d'ailleurs ce qui explique que les scientifiques aient alors prédit un refroidissement drastique de la planète. La température réaugmentait de nouveau de 0,6 °C de 1975 à 2005, alors que les émissions de CO_2 explosaient. On n'a pas encore le résultat des trente années suivantes, naturellement, mais l'on sait que, si l'on compare les moyennes de réchauffement par périodes de dix ans de 1880 à 2020, on a gagné 0,97 °C globalement sur toute cette période de cent quarante ans, que cette montée s'est faite en dents de scie et qu'elle n'est pas corrélée sur toute la période avec l'augmentation des émissions de CO^2. Il est vrai, en revanche, que le phénomène s'accélère, comme le secrétaire général de l'ONU l'a indiqué à la mi-juin 2023.

Nous allons en venir un peu plus loin à cette accélération récente de l'augmentation de la température terrestre, dont l'origine humaine est certaine, mais il n'est pas inutile de bien comprendre que le réchauffement climatique se place d'abord dans un mouvement naturel par lequel la Terre retrouve sa température « normale ». La mesure des températures existant avant le début de la « petite glaciation » au XIVe siècle est difficile et même sujette à controverses, mais l'on sait que la température de l'an 950 à 1350 était au moins égale, voire supérieure à ce qu'elle est aujourd'hui. Ce phénomène bien connu dit de l'« optimum médiéval » est largement mentionné dans les divers rapports du GIEC.

Rappelons-en une illustration évidente qui vient du nom même d'un territoire quatre fois grand comme la France. On mentionne souvent, à juste titre, la fonte des glaces au Groenland comme un signe patent du réchauffement climatique. Il n'est pas sans intérêt de rappeler que le Groenland était, à cette époque pas si lointaine, une région habitée et cultivable, d'où son nom qui signifie « terre verte » ! Entendons-nous : si la bande côtière habitable du Groenland était plus vaste qu'aujourd'hui, le Groenland n'était pas non plus la Beauce, et sa population n'était que de quelques milliers d'habitants. Il s'agit juste de remettre les choses en perspective et de contrebalancer un peu les affirmations comme celle que l'on trouvait dans un article du *Monde* en 2015 selon laquelle ce nom n'aurait résulté que d'une tentative de « pub » avant l'heure d'Erik le Rouge pour peupler son nouveau territoire. Franchement, ce n'est pas sérieux !

Bref, les températures entre Charlemagne et Philippe le Bel étaient bien plus élevées que de Philippe le Bel aux années 1990 et la Terre n'en était pas moins habitable qu'aujourd'hui.

La montée des océans

L'élévation du niveau de la mer est un fait certain. Elle atteint par endroits le double des prévisions, et des villes comme Wellington, en Nouvelle-Zélande, sont à risque de submersion à relativement court terme. La mer monte et continuera à monter. Ce phénomène est – et continuera à être – plutôt lent mais il se produit et il se produira quel que soit le niveau de rejet de CO_2 que nous atteindrons.

Force est en effet de constater que la mer monte, certes, mais qu'elle monte depuis 12 000 ans. En période glaciaire, le niveau de la mer est considérablement plus bas que celui d'aujourd'hui. La différence est de l'ordre de 100 mètres. Il est donc normal et inévitable que le niveau des mers monte en période interglaciaire, comme il le fait aujourd'hui et comme cela s'est régulièrement produit au cours de l'histoire de notre planète.

Cela dit, le niveau était resté fort stable depuis l'époque romaine et il a recommencé à monter depuis à peu près 1910, pour les raisons que nous venons de voir. Mais de quoi parle-t-on ? Sur les cent vingt dernières années – y compris, donc, notre actuel début de XXIe siècle –, le niveau de la mer a augmenté d'environ 17 centimètres. Il n'en est pas résulté de catastrophe, même modeste. La montée des océans est de l'ordre de 1 à 2 millimètres par an et ne peut pas changer de rythme brutalement. On a cru mesurer à l'abord de certaines grandes villes une montée des eaux significativement plus importante mais, en y regardant de plus près, on comprend que cela est dû à leur enfoncement du fait du poids énorme des immeubles construits parfois à un rythme effréné ces dernières décennies. C'est tellement vrai que l'inverse existe aussi. C'est ainsi que Stockholm voit le niveau de la mer baisser d'environ 3,9 millimètres par an.

Admettons, mais qu'en est-il des habitants de ces îles du Pacifique Sud qui vont disparaître à très court terme ?

C'est avec une grande générosité que le gouvernement de la Nouvelle-Zélande a mis en place en 2017 un visa d'immigration spécial « Réfugiés climatiques » pour permettre aux habitants des États insulaires de la région comme les Kiribati, les Tuvalu et les Tokelau de s'installer chez eux au jour imminent – on parlait alors en mois, presque en semaines – où leurs frêles îles allaient être submergées.

Ces micro-États sont en effet considérés comme les plus vulnérables de la planète à la montée des eaux… ou plutôt étaient considérés comme les plus vulnérables. Dès 2018, une très sérieuse équipe de chercheurs de l'Université d'Auckland publiait une étude, que personne ne conteste, qui démontre que les Tuvalu ont accru de 2,9 % la taille des 101 îles et 9 atolls de leur territoire. Cas isolé, hasard qui ne s'appliquerait qu'aux îles coralliennes par la magie du squelette vivant qui les compose ? Pas du tout. Ces trente dernières années, les augmentations de superficie des terres l'emportent largement sur les diminutions. Mesurées par satellite de 1984 à 2016, 24 % des plages de sable s'érodent – en effet – mais en regard 76 % restent stables ou progressent. Les plages ont avancé en moyenne de 33 centimètres par an avec un gain de superficie de 3 663 kilomètres carrés pour l'ensemble de la planète.

On est très loin de la submersion générale des grandes villes du littoral annoncée à l'horizon 2025… soit l'année prochaine !

Tout cela est bien gentil, mais on nous montre tous les jours des reportages où l'on voit la calotte de glace arctique fondre à la vitesse grand V.

C'est vrai, on voyait tout le temps ce genre de documentaires il a quelque temps. Al Gore recevait même l'Oscar du meilleur documentaire en 2006 pour son film *Une Vérité qui dérange*. Mieux, ancien vice-président des États-Unis, il recevait l'année suivante le prix Nobel de la Paix pour son engagement climatique. Il nous avertissait avec la dernière fermeté, et tout son poids, toute sa crédibilité d'ancien grand dirigeant du monde occidental, qu'à défaut de mesures drastiques et immédiates l'intégralité de la calotte glaciaire arctique aurait irrémédiablement et totalement fondu… en 2014.

Regardons un instant de l'autre côté de la Terre. Il y a dix à douze mille ans, la calotte glaciaire antarctique était plus petite qu'aujourd'hui, beaucoup plus petite, 215 000 kilomètres carrés de moins. Cette différence représente un peu plus que la taille de la Grande Bretagne. Elle était plus petite car elle avait fondu et s'était effondrée, et pourtant la température à l'époque était bien moindre qu'aujourd'hui, nous l'avons vu. Depuis ces dix à douze mille ans, même si nous avons eu un grand épisode de froid dans l'hémisphère Nord du XIVe au XXe siècle, les températures ont largement augmenté sur le reste des cent vingt siècles concernés, mais la calotte glaciaire s'est reformée en Antarctique, elle s'est également formée au Groenland et elle s'est agrandie en Arctique.

Globalement, il est exact de constater que la glace fond récemment en Arctique et au Groenland. Il n'en va pas de même en Antarctique. Avec des hauts et des bas annuels importants, cela a toujours été le cas, la calotte glaciaire antarctique a augmenté de taille de 1975 à 2016. Une fonte importante s'est produite en 2016 et 2017 mais elle s'est aujourd'hui arrêtée au point qu'en mars 2020 la calotte glaciaire antarctique connaissait un accroissement spectaculaire qui la remettait au niveau de la moyenne antérieure de 1980 à 2010. Ce n'est pas neutre lorsque l'on se rappelle que la calotte glaciaire antarctique, dont on ne nous parle jamais, est de très, très loin, le plus grand glacier du monde, 17 fois la taille de son homologue arctique qui fait seul la Une des médias !

Mais il n'y a pas que les glaciers. La masse de neige tombée sur l'hémisphère Nord pendant l'hiver 2019-2020 a battu tous les records… On pourrait continuer ainsi pendant des pages et des pages.

Une seule chose est sûre. La réalité n'est pas simple. Elle n'est pas univoque, elle n'obéit pas toujours à la propagande de la peur.

Le poumon vert

Non seulement nous émettons de plus en plus de CO_2, mais encore nous faisons disparaître nos forêts dans des proportions catastrophiques. Ce sont les forêts – et elles seules – qui absorbent le CO_2. Nous allons, par inconscience, transformer notre monde en désert.

En effet, les forêts sont le poumon de la Terre... Ou, plutôt, elles sont l'un de ses poumons. Chacun sait que les plantes absorbent le carbone dont elles se nourrissent et rejettent de l'oxygène. En gros, dans la molécule de CO_2, elles absorbent l'atome C (carbone) et restituent les deux atomes O (oxygène). Les plantes de la terre ferme représentent un peu moins de 60 % du « puits carbone » total de la Terre, c'est-à-dire de la totalité de la capture de CO_2 opérée par l'ensemble de la biomasse existant sur la planète. Les un peu plus de 40 % restants sont absorbés par la végétation aquatique des mers et des océans.

Les forêts représentent à elles seules au moins les deux tiers – et probablement plus – de ces premiers 60 %, c'est-à-dire de la capture de CO_2 faite par l'ensemble des plantes se trouvant sur la terre ferme. Le reste est absorbé par les herbes de savanes, les plantes agricoles, votre gazon, etc.

En d'autres termes, les forêts sont à elles seules responsables d'environ 35 % – et probablement plus – de l'ensemble de l'absorption par les plantes du carbone contenu dans le CO_2 de l'atmosphère.

Et voilà que, inconscients et irresponsables que nous sommes, nous déforestons la planète à tour de bras. L'Office français de la biodiversité, sur la page de son site intitulée « La biodiversité en danger », commente le dernier rapport de l'IPBES – le « GIEC » de la biodiversité – en stigmatisant la déforestation en une seule phrase, terrible, présentée précisément de cette façon à la fin d'une dizaine de statistiques chocs : 46 % de la couverture forestière a disparu depuis la préhistoire…

Depuis la préhistoire ? Mais je croyais que nous parlions de la déforestation *de nos jours*, celle à laquelle il faut faire quelque chose sans remettre en cause l'existence même de l'agriculture. Mettons-nous vraiment à mal ce poumon essentiel en déforestant la planète de manière massive aujourd'hui ?

Eh bien non.

Pourtant on déforeste, en effet, et à hauteur de 4,7 millions d'hectares net par an, c'est-à-dire que l'on détruit 4,7 millions d'hectares de forêt de plus chaque année que l'on n'en a recréé.

Énorme, scandaleux inconscient…

Et l'on s'en donne à cœur joie au zinc du café du commerce :

L'augmentation délirante de la population mondiale, qui n'a pas fini de produire ses funestes effets, nous impose de multiplier les zones agricoles pour faire pousser le maïs et le soja OGM qui nourriront toute cette indésirable population. Pas étonnant que la déforestation galope de plus en plus vite dans ce monde de dingues. Il faut d'urgence arrêter la destruction massive de la forêt en Amérique du Sud et ailleurs…

Il serait rigolo de se borner à souligner que dans cette diatribe les forêts sont remplacées par des champs de plantes qui, elles aussi, consomment du CO_2, mais la vraie réponse est plus radicale et plus simple : ce n'est pas du tout ce qui se passe. La révolution verte, qui a juste *sauvé l'humanité*, on en reparlera plus loin, a permis une augmentation absolument massive des rendements agricoles. Cette augmentation est essentiellement due à des hybridations naturelles, qui ne sont pas des OGM, et à l'utilisation d'engrais azotés. Résultat : alors que la population mondiale triplait, les surfaces agricoles n'ont augmenté que de 12 % environ, ce qui est parfaitement supportable. La révolution verte a permis d'éviter de mettre en culture une surface supplémentaire de 3 milliards d'hectares. Pour vous faire une idée, à défaut d'augmentation des rendements comme cela s'est produit, il aurait fallu déforester en plus de ce qui a été fait une surface égale à celle de la Chine, des États-Unis et du Canada cumulés.

Peut-être mais qu'importe ! Il faut d'urgence arrêter la destruction massive de la forêt en Amérique du Sud…

Mais c'est ce que l'on fait : l'Amérique du Sud a divisé par deux sa déforestation au cours de dix dernières années et aujourd'hui l'Afrique déforeste plus que l'Amérique du Sud tandis que l'Asie augmente la surface de ses forêts… la France aussi, d'ailleurs… La surface boisée dans le monde dépasse largement les 4 milliards d'hectares, c'est-à-dire que la forêt couvre un bon tiers de la surface des terres émergées. En d'autres termes, la surface de forêt disponible pour chacun des habitants de la Terre représente un rectangle de plus de 100 mètres sur 50… pour *chacun des habitants de la Terre*. La déforestation décroît de manière très significative ; elle a globalement baissé de plus de 60 % sur la décennie 2010-2020 par rapport à la décennie 1990-2000. La perte nette annuelle n'est aujourd'hui que de l'ordre de 0,1 % du total des forêts mondiales et les choses continuent à s'améliorer… au bémol près de l'arrivée au pouvoir de Bolsonaro au Brésil, depuis battu aux élections, et de la mise en place de politiques d'indépendance alimentaire en Chine qui devraient pousser les Chinois déforester… on y reviendra aussi.

0,1 % par an !

On est loin de la catastrophe écologique à court terme en matière de déforestation dont on nous rebat les oreilles au zinc du café du commerce. Des millions d'hectares de forêt qui disparaissent chaque année, c'est un chiffre effrayant, mais il l'est quand même nettement moins quand on le remet dans son contexte.

Mieux, dans ce domaine l'augmentation dans l'atmosphère du CO_2 – dont les plantes se nourrissent – a pour effet de réduire leur « stress hydrique », c'est-à-dire que les plantes poussent mieux que par le passé là où l'eau manque. C'est raison pour laquelle la savane africaine a tendance à se transformer en forêt.

N'importe quoi ! Révisionnisme climatique !

Je ne cherche pas à promouvoir un excès de CO_2 dans l'atmosphère et je répète qu'en effet c'est un problème grave dont il faut se préoccuper. Nous y reviendrons au chapitre des dangers qui, en effet, nous menacent et sur lesquels s'achèvera ce livre. Il n'en demeure pas moins que, dans l'hypothèse possible d'un réchauffement climatique de 3 °C, qui est bien au-dessus des normes que les États du monde entier se sont donné l'objectif d'atteindre, les rendements agricoles croîtront de manière significative, ce qui éloignera d'autant le spectre des famines qu'on nous annonce par ailleurs.

Il y a trois raisons essentielles à ce phénomène que nous nous bornons à constater sans en tirer un jugement de valeur.

La première est que l'augmentation de la chaleur augmente l'évaporation et que l'augmentation de l'évaporation se traduit par davantage de pluies. L'augmentation des pluies augmente les rendements des terres que l'aridité rendait jusque-là peu fertiles. La question qui se pose est de savoir quelles sont les zones qui bénéficieront de ces pluies supplémentaires et si ces pluies n'auront pas tendance à être catastrophiquement torrentielles, mais la tendance générale reste certaine.

La deuxième est que, si l'augmentation de la chaleur ne diminue pas la fertilité des terres situées en zones normales ou chaudes – dès lors que le niveau de précipitation se maintient et *a fortiori* lorsqu'il augmente –, en revanche, elle augmente significativement les rendements des terres jusque-là froides.

La troisième raison est celle évoquée ci-dessus. Un niveau supérieur de dioxyde de carbone dans l'atmosphère augmente les rendements végétaux. Le blé, par exemple, croît à une vitesse de 15 à 40 % supérieure lorsque la concentration de dioxyde de carbone dans l'atmosphère qui l'entoure passe de 295 parts par million (ppm) à 600 ppm. On en est aujourd'hui aux alentours de 426 ppm… et c'est la raison pour laquelle les gestionnaires de plantations sous serre augmentent la concentration de dioxyde de carbone dans leurs exploitations à 1 000 ppm ou plus.

Encore faut-il, bien entendu, que l'ensemble des autres facteurs qui déterminent les rendements agricoles (sols, eau, température…) soient également au rendez-vous, ce qui n'est pas gagné par ailleurs.

Gare aux Cassandres

C'est en 1970 que se sont tenues les premières assises écologistes dites du « Jour de la Terre ». On débattait enfin des vrais sujets. Des citoyens éveillés dénonçaient courageusement les catastrophes que le comportement irresponsable des hommes allait produire sur toute la planète.

Ils n'ont plus arrêté depuis, pour le plus grand bien de tous.

Leur démarche était, et est toujours, saine et cohérente, et par-dessus tout scientifique. Il ne s'agissait pas d'agités qui annonçaient la fin du monde sur la base de fantasmes plus ou moins hippies. Ils s'appuyaient – et s'appuient toujours – sur les plus irréfutables travaux scientifiques, menés à bien par les meilleurs cerveaux de la planète. C'est ainsi que d'année en année ils ont su tirer les sonnettes d'alarme.

Ils nous ont prévenus par exemple que les hydrocarbures, pétrole en tête, auraient totalement disparu de la planète au plus tard en l'an 2000. Il est juste curieux que, près d'un quart de siècle après cette extinction annoncée comme *certaine* de toutes les réserves, on continue à y puiser largement, que les réserves directement exploitables aujourd'hui représentent plus de cinquante ans de consommation au rythme actuel et que la ressource totale en hydrocarbures encore disponibles représente près du triple de ce chiffre. Ces estimations sont toujours controversées comme elles l'étaient déjà dans les années 1970. Force est de constater que la fin du pétrole annoncée comme une certitude pour l'an 2000 puis pour l'an 2020 n'a pas eu lieu.

Ils nous ont aussi prévenus que l'espérance de vie allait chuter à 49 ans dans les pays les plus développés du monde et bien plus bas encore dans les autres. Rappelons pour l'anecdote qu'aujourd'hui elle est de plus de 30 ans supérieure à cette prédiction pour, en 2022, s'établir en France à 85,4 ans pour les femmes et à 79,3 ans pour les hommes. Mieux, elle continue à croître dans notre pays, contrairement à ce que l'on entend de droite et de gauche, les femmes ayant gagné près de 4 mois d'espérance de vie supplémentaire et les hommes près de 3 entre 2020 et 2021.

L'un des livres de chevet des promoteurs du « Jour de la Terre » était la *Bombe P*, la pénétrante étude publiée en 1968 par Paul Ehrlich, professeur émérite de la très prestigieuse Université de Stanford dont il présidait le centre de conservation biologique.

Cette étude démontrait que l'humanité était perdue.

Preuves scientifiques à l'appui, elle nous apprenait qu'il était mathématiquement inéluctable que l'humanité ait définitivement périclité au plus tard en 2020. La population mondiale allait augmenter à un rythme jamais vu de 1970 à 2020. Il était scientifiquement impossible que la production de nourriture puisse suivre.

Ehrlich avait en partie raison. Il avait tort de penser que le taux de croissance de la population mondiale allait continuer à grimper au firmament alors qu'il a diminué de manière constante sur le demi-siècle couvert par son étude – et il continue à décroître aujourd'hui –, mais il avait quand même en partie raison : la population mondiale a, en effet, plus que doublé durant ce demi-siècle… Si sa prévision sur ce point était donc sinon exacte du moins allait dans le bon sens, toutes les conséquences cataclysmiques qu'il en tirait ressemblent rétrospectivement à un délire.

Pourquoi ?

Simplement parce qu'il faisait la même erreur que celle que commettent encore la plupart des commentateurs de la situation actuelle : ils extrapolent, ils prennent des données scientifiques exactes mais en tirent des conclusions qui s'appuient sur des modèles qui, eux, ne sont pas des données scientifiques mais une extrapolation humaine. Nous savons maintenant par expérience que ces modèles « humains » ont beau être moulinés par des ordinateurs de plus en plus perfectionnés, ils ne sont pas fiables.

Retenons bien ceci : la science nous fournit des données. Ces données sont plus ou moins valides pour prévoir ce qui va se passer dans les années futures car l'avenir n'est pas si simple que cela à prédire et nos modèles sont imparfaits. Il faut vivre avec ; nous n'avons pas d'autre choix que d'essayer de préparer demain avec les données disponibles aujourd'hui, même si nous savons que nous ne maîtrisons pas tout de leur évolution. Les écarts considérables entre les plus optimistes et les plus pessimistes des prévisions du GIEC, par exemple, en sont une illustration flagrante. En d'autres termes, la science nous fournit des données, mais leur interprétation sur le long terme – et même sur le moyen et court terme – est sujette à caution. Ce ne sont pas les données utilisées par les écologistes du « Jour de la Terre » et le professeur Ehrlich qui ont péché : ce sont les conséquences qu'ils en tiraient « scientifiquement » et là, pour le coup, il faut bien reconnaître que l'écart entre le cataclysme annoncé et la réalité est abyssal.

Les faits sont parfois terriblement mal élevés. Ils ont eu l'outrageux culot de ne pas suivre la parfaite rigueur des démonstrations lumineuses du professeur de Stanford et de ses éminents collègues du « Jour de la Terre » : la production de nourriture qui ne pouvait mathématiquement pas suivre le doublement de la population a, en fait, pratiquement triplé. Résultat, chacun des bientôt 8 milliards d'habitants de la planète dispose de 27 % de nourriture en plus par personne que n'en avaient les 3,3 milliards existant à l'époque où Ehrlich écrivait ses prévisions apocalyptiques.

Le vieux professeur Ehrlich a aujourd'hui 90 ans. Vous vous imaginez sans doute qu'il est perclus de honte et qu'il a présenté ses excuses au monde pour avoir été l'un des instigateurs d'une peur irraisonnée ?... Eh bien, pas du tout. Il confirme et signe. Certaines de ses prévisions se sont sans doute un peu égarées en chemin mais il pense qu'il avait globalement raison et même que son livre était trop optimiste.

Rappelons juste la toute première phrase de la *Bombe P* :

« La bataille pour nourrir l'humanité est terminée. Au cours des années 1970 des centaines de millions de gens vont mourir de faim quels que soient les programmes d'aide dans lesquels nous pourrons nous embarquer maintenant. Aujourd'hui il est trop tard, rien ne pourra empêcher une augmentation substantielle des taux de mortalité mondiale. »

Ehrlich annonçait un cataclysme imminent et surtout inéluctable, quoi que l'on tente. Cinquante ans après, non seulement la catastrophe ne s'est pas produite, mais encore il s'est produit précisément l'inverse. Peu importe. Arc-bouté sur son délire, il continue à prôner l'adoption de mesures extrêmement brutales pour limiter les naissances comme l'interdiction des enfants multiples et tout ce genre de chose... Le plus inquiétant est que les mesures dictatoriales proposées par ce brillant esprit sont assez proches de celles que proposent aujourd'hui les écologistes radicaux. On reconnaît d'ailleurs dans le paragraphe ci-dessus le style péremptoire et cataclysmique qu'affectionnent de nos jours les rédacteurs des discours enflammés et impertinents de la plus si jeune Greta Thunberg (21 ans). Petite anecdote : Greta a été condamnée en juillet 2023 pour avoir bloqué illégalement le port de Malmö parce que les bateaux fonctionnent au fuel. Il est piquant de noter qu'elle a utilisé pour cela des camions-citernes… fonctionnant eux aussi au fuel.

On pourrait multiplier les exemples de prévision cataclysmiques prétendument scientifiques qui ont été démentis par les faits, et ce même si ces prévisions étaient fondées non pas sur les approximations d'une science balbutiante mais bien sur des données parfaitement détaillées et fiables. Répétons-le : ce ne sont pas les données qui sont en cause, ce sont les résultats des extrapolations que l'on en retire. Rappelons-nous d'Al Gore et de la disparition des calottes polaires à l'horizon 2014.

Si l''on veut juger de prévisions plus récentes, il est bien évident que nous ne pourrons pas démontrer, là, maintenant, tout de suite, que les extrapolations à dix, vingt, cinquante ans sont inexactes. Cela ne les valide pas pour autant. Si l'on veut suivre la méthode de déduction scientifique, on doit même considérer que les erreurs passées ne permettent pas de tenir le pire pour certain.

Regardons ce qu'il en est des prévisions le plus récentes du GIEC qui a publié son 6e rapport en plusieurs étapes dans le courant de l'année 2022. Entendons-nous bien, le propos ici n'est pas de critiquer le rapport du GIEC, nous y reviendrons. Il est juste, d'une part, de regarder le niveau de fiabilité des informations qu'il contient en nous en tenant à ce qu'il en dit lui-même et, d'autre part, de rapprocher certaines de ses prévisions du traitement qu'on leur réserve dans les médias et *a fortiori* sur les réseaux sociaux.

Nous reviendrons sur les constats, les prévisions et les recommandations du GIEC mais retenons juste pour le moment un document très passionnant et très facile d'accès pour tous qui s'intitule « Summary for Policy Makers », ce que l'on peut traduire en français par « Résumé destiné aux décideurs politiques ».

Ce document contient un très grand nombre de choses et notamment, à son paragraphe B.1.1, un tableau très clair qui établit les niveaux de réchauffement climatique auxquels il faut s'attendre d'ici à 2040 puis de 2040 à 2060, enfin de 2080 à 2100. Passionnant. Nous sommes en plein cœur de l'analyse scientifique indépendante du réchauffement climatique.

Chacune de ces périodes fait l'objet de cinq prévisions fondées chacune sur un modèle qui prend comme base 5 niveaux d'émission différents : faible (SSP1-1.9), moyen modéré (SSP1-2.6), moyen élevé (SSP2-4.5), fort (SSP3-7.0) et très fort (SSP5-8.5). Ces niveaux d'émission, qui restent tous possibles, dépendent bien évidemment de l'activité humaine actuelle et dans l'avenir jusqu'à la fin du siècle.

Cinq niveaux d'émission pour trois périodes de vingt ans, cela nous donne 15 estimations. Chacune de ces 15 estimations comprend 3 chiffres : une hypothèse basse, une hypothèse haute et une estimation médiane. Dans tous les cas, les températures sont estimées en degrés centigrades de plus par rapport à ce qu'était la moyenne des températures dans la période de 1850 à 1900.

Regardons ce que nous dit ce tableau essentiel.

Pour la période 2020-2040, les résultats sont quasiment identiques pour les quatre premières hypothèses (émissions faibles à fortes). Pour chacune de ces hypothèses, la médiane considérée comme la plus probable est toujours la même au dixième de degré près : 1.5 °C de plus que par rapport à la moyenne des cinquante dernières années du XIXe siècle.

Sachant que nous en sommes déjà à 1 °C, voire 1,1 °C mais que la tendance s'accélère, on ne « gagnerait » que 0,5 % sur les presque vingt ans restants. Reste l'hypothèse des émissions les plus fortes : la médiane est alors à 1,6 %, soit 0,1 °C de plus que les quatre autres. Quand on regarde d'un peu plus près les chiffres minimum et maximum pour chaque hypothèse, on reste, là encore, stable pour les quatre premières et plus élevé pour la dernière, mais ce qui est surtout frappant, c'est, d'une part, que le chiffre le plus bas montre une stagnation par rapport au niveau déjà atteint aujourd'hui et, d'autre part, que l'écart entre les deux bornes extrêmes du possible – la zone d'incertitude, comme on dit – est de 50 %. C'est une marge énorme !

Ces gens sont sérieux. Ils partagent avec le monde les conclusions auxquelles ils arrivent scientifiquement. Leur travail est essentiel et doit en effet guider non seulement les politiques mais aussi chaque citoyen dans les choix qu'ils ont – que nous avons – à faire pour notre avenir climatique. Ce n'est pas un commentaire sarcastique, c'est en effet ce que je pense.

Mais, pour nous guider efficacement, ces chiffres doivent être pris précisément pour ce qu'ils sont : les prévisions sur vingt ans que nous donne la science ne sont pas cataclysmiques et elles ne peuvent pas être ramenées à un degré d'incertitude inférieur à 50 %.

Regardons maintenant la période 2040-2060. Cette fois, bien sûr, les écarts se creusent. Si ce n'était pas le cas, personne ne s'inquiéterait du réchauffement climatique. Les médianes vont de + 1,6 à + 2,4 °C. Le plus marquant est l'évolution du taux d'incertitude entre le bas et le haut de la fourchette pour les 5 niveaux d'émission retenus. Les voici :

Période 2040-2060	
Niveau d'émission	Degré d'incertitude
Faible	67 %
Moyen modéré	69 %
Moyen élevé	56 %
Fort	53 %
Très fort	58 %

La tendance s'accentue encore pour les vingt dernières années du siècle :

Période 2080-2100	
Niveau d'émission	Degré d'incertitude
Faible	80 %
Moyen modéré	85 %
Moyen élevé	73 %
Fort	53 %
Très fort	58 %

Le climat est un système effroyablement complexe. À court terme, son analyse relève même de la théorie du chaos. Cela signifie qu'il est imprévisible, non pas qu'il va générer le chaos sur la planète, vous aviez compris. À plus long terme, voire à très long terme comme tente de le retracer ce tableau, on ne peut dégager que des tendances avec un niveau d'incertitude extrêmement fort qui va croissant avec le temps.

Soyons bien clair : ce n'est pas parce qu'elles ne nous permettent pas d'avoir des certitudes sur l'avenir que ces tendances doivent être négligées. Il n'est pas question de suivre le délire des « rassuristes » de tout poil et moins encore de cautionner les imbécillités d'un Trump qui dénonce les accords de la COP 21 à Paris et en fait sortir les États-Unis, qui y sont fort heureusement revenus avec son successeur. Ces tendances sont importantes, essentielles même. Elles doivent en effet nous guider vers les solutions à adopter car c'est le mieux dont nous pouvons disposer à ce stade.

C'est la caisse de résonance que les médias donnent à ces tendances qui mérite d'être remise en question. Regardez, c'est hallucinant ! Les médias ne s'emparent que des chiffres les pires pour décrire l'apocalypse comme inéluctable. Quand on le leur reproche, ils ne le nient pas. Ils le font même souvent avec la caution des scientifiques qui pensent qu'il faut « marquer les esprits », quitte à prendre quelques libertés avec la rigueur. Permettez-moi une opinion personnelle à ce stade. Je ne suis pas d'accord. Se faire valoir de cette façon, faire du sensationnalisme pour se donner de l'importance ou pour faire de l'audience, ce n'est pas aider quiconque à « prendre conscience ».

Cela ne sert en rien les décideurs qui, eux, s'appuient sur les conclusions réelles des panels d'experts et sur leurs propres équipes d'analystes. Cela entretient, en revanche, un climat de burn-out climatique et ouvre une voie royale aux climatosceptiques qui ont beau jeu de dénoncer les excès de prévisions qui deviennent fantaisistes à force de n'envisager que le pire. Ouvrir la porte aux climatosceptiques, ce n'est pas seulement faire le creuset du doute, c'est surtout favoriser la radicalisation des positions de part et d'autre. C'est entrer dans l'idéologie au lieu de s'en tenir aux faits. C'est une démarche absurde, dangereuse et criminelle. Ce n'est pas pour rien que le gouvernement des États-Unis, pays de tous les paroxysmes, considère que le risque de terrorisme climatique est aujourd'hui majeur, tout juste derrière celui du fondamentalisme musulman. Il faut dire que les fanatiques de la décroissance d'urgence ont déjà commis plus de 1 500 tentatives terroristes sur le territoire américain.

L'heure n'est pas à la panique ! À bien y regarder, si le pire était inéluctable, la panique devrait encore plus être évitée.

Répétons-le une fois encore : tout cela ne veut pas dire que le réchauffement climatique est anodin, moins encore que les activités humaines ne l'accélèrent pas et qu'il ne faille rien faire. La Terre est-elle en danger ? Ce n'est pas vraiment la bonne question. La Terre a bien souvent connu des températures et des concentrations de CO_2 très supérieures à celles qu'elle connaît aujourd'hui, nous l'avons déjà vu et personne ne le conteste. Ce n'est pas la planète qui est à risque du fait du réchauffement climatique, ni même la biodiversité, nous y reviendrons. Ce sont les humains qui sont en danger. Ils le sont infiniment moins qu'ils ne l'ont été par le passé et tout au long de leur histoire, mais ils sont en danger, il faut le comprendre et agir. Les humains, nous donc, sommes en danger sur plusieurs fronts. Le réchauffement climatique en est un, mais il en est d'autres plus préoccupants encore.

Les modèles climatiques ne sont pas simples et ne sont ni maîtrisés ni même parfaitement connus. Tous les modèles proposés donnent des estimations très larges avec des marges d'erreur importantes – ce que le GIEC souligne et revendique, à juste titre. Si nous étions capables de prévoir l'avenir climatique de manière claire et univoque, cela se saurait. Ce n'est absolument pas ce que prétend le rapport du GIEC qui, au contraire, insiste sur l'incertitude de ses prévisions.

Ce qui est sûr, c'est la *tendance*. Ce qui ne l'est pas, c'est l'ampleur et le calendrier. Nous savons que le réchauffement climatique est en route. Nous savons qu'il est inéluctable pour les siècles à venir car c'est une tendance de fond du cycle naturel dans lequel nous nous trouvons. Nous savons aussi que les activités humaines accélèrent le processus du fait de la concentration de gaz à effet de serre. Cela, ce sont les faits établis. Ils sont sérieux. Ils représentent l'un des grands enjeux d'aujourd'hui et de demain pour nous-mêmes, pour nos enfants et les leurs après eux. Nous devons résolument nous en préoccuper, même si d'autres enjeux plus importants encore existent par ailleurs, comme le recul de la misère et de la faim. La grande difficulté qui n'est pas aujourd'hui suffisamment comprise et médiatisée est que les autres enjeux majeurs auxquels l'humanité est confrontée peuvent avoir des impératifs apparemment contradictoires avec ceux du réchauffement climatique.

La peur nous conduit à écouter, fascinés, les sirènes noires des mesures « drastiques » – le terme est à la mode – que claironnent les fanatiques du climat. Les effondristes de tout poil nous présentent le cataclysme comme si proche que nous en oublions de mesurer les conséquences – pour le coup, certaines et quantifiables – qu'entraînerait la mise en place dans l'urgence des mesures de panique que ces prophètes de malheur réclament à cor et à cri. Imposer la « décroissance » sans mesurer les effets qu'elle entraîne nécessairement aurait des conséquences bien plus graves que celles déjà sérieuses du réchauffement qu'elle est censée combattre sans la moindre garantie de succès.

N'en déplaise aux effondristes, c'est bien la « croissance » de notre monde paraît-il « malade de surconsommation » (il faut se promener en Afrique subsaharienne pour relativiser ce jugement) qui est à l'origine *des plus grands progrès que l'humanité ait jamais connus.*

Soyons clair pourtant. Les Cassandres de tout poil ont fondamentalement raison quand ils disent que le monde va à sa perte s'il continue comme cela…

S'il continue comme cela : tout est là.

Prenons de nouveau un exemple simple. Il y a eu la peur irraisonnée de l'an mil. Superstition, Moyen Âge, obscurantisme. Soit ! Mais il y a eu aussi la peur irraisonnée de l'an 2000. La civilisation allait arriver à son terme. Les ordinateurs qui n'avaient pas été programmés pour passer le millénaire allaient tous s'arrêter du jour au lendemain, ne laissant derrière eux que le chaos et la mort. Le président des États-Unis de l'époque, Bill Clinton, s'était fendu de quelques déclarations plutôt inquiètes sur le sujet. Il avait raison. Tous les prévisionnistes avaient raison. Le bug de l'an 2000 – le « Y2K3 », comme on disait à l'époque – allait mettre le monde à terre si rien n'était fait… si rien n'était fait. Le problème était réel, il a été identifié, une kyrielle de gens annonçaient qu'il n'y avait aucune solution possible. Les gens en charge ont pris les mesures qu'il fallait. Le bug de l'an 2000 n'a pas eu lieu. CQFD.

Nous sommes dans un drôle de monde où ceux qui crient à la mort et aux catastrophes les plus épouvantables sont encensés comme des sages, tandis que ceux qui essaient de prendre la vraie mesure des problèmes qui se posent pour y apporter des solutions réalistes sont considérés comme des fous inconscients. Peu importe que cette fascination du catastrophisme existe depuis plus d'un demi-siècle et que, régulièrement, toutes les prévisions de chaos à court terme se soient révélées fausses. On continue à se repaître du déclin annoncé dans les flammes de l'enfer, même si ce déclin se fonde sur une extrapolation bornée de la situation actuelle.

Les Cassandres procèdent toujours de la même façon : ils prennent certains faits et en dissimulent d'autres et ne tiennent compte du contexte que s'il confirme leurs prévisions catastrophistes. Ils justifient ces choix arbitraires au motif que le futur est « différent » car nous aurions atteint – une fois encore – le « point de non-retour ». À partir de ces prémices, ils extrapolent ce qui se passera dans un avenir plus ou moins proche en présentant des hypothèses comme des certitudes. Ils se trompent toujours car non seulement ils grossissent le trait mais surtout ils oublient l'essentiel : le monde n'est ni stable ni simpliste. Tenter de deviner le futur sur la base des données d'aujourd'hui – surtout tronquées – est par nature voué à l'échec. Même si l'on met de côté l'excès des prévisions, c'est la démarche elle-même qui est déficiente. Les choses qui conduisent à des catastrophes ne continuent pas à se produire. Quand il y a un trou dans la couche d'ozone, les hommes n'attendent pas d'être cuits comme des œufs au plat pour prendre des mesures. On change sur toute la planète les gaz des réfrigérateurs, on bannit le CFC partout et la couche d'ozone se reforme.

Le grand économiste américain Herbert Stein expliquait cela avec une confondante simplicité pragmatique. « Si une chose ne peut pas continuer indéfiniment… eh bien elle ne continue pas indéfiniment. »

Un monde meilleur

Le bon vieux temps, le jardin d'Éden, la communion avec la nature que nous aurions perdue sont des mythes.

Nous avons bâti un monde bien meilleur au cours du dernier siècle et même du dernier demi-siècle que tout ce que l'humanité a connu depuis que l'*Homo sapiens* est à peu près ce qu'il est aujourd'hui, c'est-à-dire depuis plus de 2 000 siècles. Le monde tel que nous le connaissons aujourd'hui avec toutes ses imperfections – qui sont réelles – est bien meilleur qu'il ne l'a jamais été, à tous points de vue, y compris pour ce qui concerne les risques que notre mode de vie fait peser sur le devenir de l'humanité, au premier rang desquels les risques liés à la pollution.

Non seulement le monde est meilleur qu'il ne l'était à la préhistoire, au Moyen Âge ou même il y a un siècle ou deux, mais encore il est bien meilleur, plus sûr, plus sain que ce qu'il était il y a cinquante ou trente ans.

Quoi qu'en pensent les « nostalgistes » qui ont élu Trump à la présidence des États-Unis, Bolsonaro au Brésil ou plus récemment Javier Milei en Argentine, quoi qu'espèrent les 58 % des 52 % d'électeurs anglais qui ont voté pour le Brexit en pensant que la vie était plus belle il y a trente ans qu'elle ne l'est maintenant, le monde d'aujourd'hui est meilleur que celui d'hier. C'est un fait – et les faits sont têtus, disait Churchill.

Les effondristes pensent que depuis que le monde est monde l'humanité ne fait que courir de plus en plus vite à sa perte en entraînant l'ensemble de la planète avec elle. L'un des pères de cette thèse est le professeur John Gray. On ne peut pas trouver penseur plus sérieux. Il ne faut surtout pas le confondre avec son homonyme, le doux dingue qui s'est rendu célèbre en disant que les hommes venaient de Mars et les femmes de Vénus. Non, notre John Gray est un vrai savant. Docteur en philosophie d'Oxford, professeur à Harvard et à Yale, John Gray était jusqu'à sa retraite le titulaire de la chaire de philosophie européenne de la très prestigieuse London School of Economics. Bref, un pedigree indiscutable.

Pour lui, l'*Homo sapiens*, l'homme sage, n'est qu'une illusion. La réalité est que notre espèce aurait plutôt dû s'intituler elle-même l'*Homo «Rapiens»*. Il nous décrit comme l'espèce la plus prédatrice du règne animal, une espèce qui ne peut s'empêcher de dominer et de détruire tout ce qui l'entoure. Selon Gray, l'illusion du progrès ne fait que cacher l'évidence : nous allons tout droit au cataclysme global et à la fin de toute civilisation.

Charmant.

Soutien indéfectible du thatchérisme et de la nouvelle droite – ah, là, ça pique un peu ceux des effondristes généralement de gauche qui s'apprêtaient à applaudir des deux mains aux idées perverses du vieux grigou –, ce penseur qui aime à se produire dans les colonnes du *Guardian* ou du *Times* est à la fois l'un des pères de la nouvelle idéologie « verte » et un adversaire acharné de toute forme d'humanisme.

Eh bien, malgré tous ses diplômes et la reconnaissance qu'on lui a largement comptée, force est de reconnaître que le vieux professeur réactionnaire s'est trompé.

Répétons-le, nous avons bâti un monde bien meilleur au cours du dernier siècle que tout ce que l'humanité a connu depuis qu'elle existe, à tous points de vue, pollution comprise. La civilisation se caractérise non pas par une course effrénée à l'effondrement, mais bien par un progrès constant vers un monde meilleur. Ce progrès a été très lent pendant des millénaires, mais le rythme a commencé à s'accélérer au XVIIIe siècle, grâce aux penseurs des Lumières, pour atteindre une rapidité fulgurante au cours du dernier siècle et plus encore au cours des dernières décennies.

Le docteur Hans Rosling, décédé en 2017, était un médecin et statisticien suédois. Il a fondé avec sa famille la fameuse fondation Gapminder qui l'a rendu célèbre. Il raconte dans *Factfulness*, un livre passionnant que Flammarion a publié en français en 2019, l'histoire de ses conférences sur les statistiques mondiales. Pendant des décennies, le docteur Rosling a sillonné la planète en demandant à des publics de tous ordres, de l'homme de la rue à un panel de prix Nobel en passant par les décideurs du Forum de Davos et les scientifiques les plus pointus, de répondre à des questions simples sur des faits observables, allant de l'éducation des filles dans tous les pays aux taux de mortalité infantile, des maladies contagieuses à la faim dans le monde. Les questions sont objectives et les réponses sont des chiffres. On peut choisir la réponse entre 4 choix sous le format QCM... Rien de plus simple, rien de plus factuel, rien de plus mesurable.

Les résultats qu'il a obtenus avec une incroyable constance sont stupéfiants. Si l'on demandait à des singes de répondre sans comprendre, sur 4 réponses possibles on aurait à l'évidence 25 % de bonnes réponses, au hasard. Eh bien, figurez-vous qu'avec les humains on est systématiquement en dessous – et parfois très en dessous – d'une moyenne due au hasard. C'est vrai pour toutes les questions, toujours ; et c'est vrai pour tous les niveaux socioprofessionnels, d'étude, de QI, tout ce que vous voudrez. C'est vrai pour des lycéens et des prix Nobel, pour des décideurs mondiaux et des SDF, pour des grands patrons et des ménagères.

Pourquoi ? Parce que nous sommes pétris de préjugés, parce que nous recherchons le sensationnel, parce que nous avons besoin de trouver des coupables, parce que nous avons peur… Pour comprendre les raisons de ces erreurs systématiques, je vous laisse lire *Factfulness*, ce bouquin passionnant – qui commence par une série de question qui vous permettent de vous tester vous-mêmes ! Ce qui m'intéresse, ici, est de constater que nous croyons, tous, que le monde est bien plus noir, bien plus mauvais, bien plus dangereux qu'il ne l'est en réalité. Nous croyons au bon vieux temps, nous croyons au chaos programmé, nous sommes en plein burn-out écologique et tout cela n'est fondé sur aucun savoir, aucune analyse, sur rien. Cela ne veut pas dire que le réchauffement climatique, que la pollution, que les menaces sur la biodiversité et toutes ces choses ne sont pas des enjeux auxquels nous devons répondre, cela veut juste dire que nos peurs sont fondées sur des croyances émotionnelles et pas sur des faits.

Eh bien, regardons-les, ces faits.

La pauvreté et la faim

Bien sûr, nous n'avons pas vaincu la mort. Comment cela se pourrait-il ? Nous n'avons pas non plus vaincu la maladie. C'est un combat que nous ne pouvons pas gagner... mais, bon sang, nous avons fait des progrès absolument hallucinants contre nos deux vieux ennemis... et ces progrès nous les avons faits partout, pas seulement dans les pays riches, absolument partout.

L'espérance de vie qui a *grosso modo* stagné pendant 2 000 siècles, excusez du peu, s'est mise à croître plutôt lentement, d'abord au XIXe°siècle pour atteindre un rythme effréné depuis la seconde moitié du XXe siècle. Cette croissance se maintient encore aujourd'hui au rythme d'un trimestre de vie en plus en moyenne... *par an* !

On estime que, dans l'Antiquité, l'espérance de vie était au maximum de l'ordre de 25 ans et probablement moins. En 1900, elle était de l'ordre de 31 ans, ce qui était déjà un notable progrès, mais quand même assez lent, il faut bien le dire. Aujourd'hui, tous pays confondus, y compris les plus pauvres, l'espérance de vie moyenne des hommes et des femmes qui naissent sur notre planète est de 70 ans... plus du double en moyenne sur toute la planète de ce qu'elle était au début du XXe siècle ! Sur 8 000 générations humaines, l'essentiel des progrès de l'espérance de vie s'est concentré sur les trois ou quatre dernières. Même dans les pays les plus pauvres de la planète, comme le Kenya, l'espérance de vie a gagné 10 ans... en dix ans, de 2003 à 2013 !

Régulièrement, depuis des décennies, les experts les plus qualifiés calculent, mesurent et écrivent les raisons raisonnantes pour lesquelles l'espérance de vie humaine, globalement, sur la planète a déjà atteint ou va bientôt atteindre son pic pour commencer la décroissance nécessaire que tout le monde prédit…

Eh bien, tous les cinq ans environ ces plafonds infranchissables annoncés et prouvés à grand renfort de démonstrations scientifiques par l'ONU ou la Banque mondiale sont allégrement dépassés. La seule exception a été l'année 2020 qui a marqué un recul dans le monde, du fait de la Covid – recul d'ores et déjà oublié en 2021. Aucun scientifique n'avait prévu ce recul et moins encore le rebond de l'année suivante… Ah… Cassandres !

Essayons de bien comprendre comment de telles distorsions peuvent se produire, alors que les scientifiques sont l'inverse d'imbéciles. Restons pour le moment dans le domaine de l'augmentation de la durée de la vie pour en tirer une illustration simple de la différence qu'il peut y avoir entre la prise en compte d'une tendance qui est juste et l'extrapolation de ses conséquences qui est fausse.

Dans les années 1980, les scientifiques prédisaient que l'augmentation de la durée de la vie allait entraîner la survie d'un plus grand nombre de personnes à un âge avancé, ce qui était en effet la bonne tendance et ce qui s'est donc confirmé. Les scientifiques en ont déduit qu'il y aurait donc significativement plus d'infarctus, de cancers, de maladies vasculaires et respiratoires, puisqu'il y aurait plus de vieux et que ces maladies deviennent de plus en plus fréquentes au fur et à mesure que l'on avance en âge. C'est ainsi que les modèles élaborés par les plus grands scientifiques, au premier rang desquels ceux de l'Université d'Oxford en pointe dans ces matières, prévoyaient une augmentation de la fréquence moyenne – on dit de l'« incidence » – de ces affections, et particulièrement des problèmes cancéreux et cardiaques. Ils avaient calculé que son augmentation serait de l'ordre d'environ 30 % de plus entre 1980 et 2000 en Europe occidentale et aux États-Unis, zones où le nombre des personnes âgées était particulièrement important et en croissance. Logique, non ?

Logique, sans doute, mais absolument faux.

Les morts par crise cardiaque ont baissé de 70 % de 1950 à 2000 alors que l'espérance de vie croissait de manière exponentielle. De 1950 à 2000, mais nous ne parlions pas de ces cinquante ans mais des vingt ans de 1980 à 2000, non ? Si, absolument ! La baisse du nombre des crises cardiaques malgré l'accroissement de l'espérance de vie a, en effet, commencé dès le début des années 1950. Les scientifiques d'Oxford, qui ont fait leur brillante prédiction au début des années 1980, n'auraient-ils donc pas pu la prendre en compte, puisque le mouvement était entamé depuis trente ans ? Apparemment pas. C'est le problème quand on part de la conclusion pour y faire coller les données. Résultat : pendant les vingt ans qui faisaient l'objet de leur étude, de 1980 à 2000 donc, loin d'augmenter de 30 %, l'incidence des crises cardiaques a diminué de 30 %.

L'erreur des scientifiques est donc quasiment du simple au double alors même que depuis trente ans le phénomène avait commencé ! Même chose pour le cancer, contrairement à ce que l'on croit généralement. Pourquoi ? La survenance de ces fléaux n'augmenterait pas au fur et à mesure que la vieillesse gagne ? Bien sûr que si, mais cette croissance en fonction de l'âge intervient de plus en plus tard. L'extrapolation à partir des données existantes ne prenait pas en compte que, en s'allongeant, la vie se modifie et que l'on reste « jeune » bien plus longtemps qu'auparavant. Rien à voir entre une personne de 60 ans en 1960 et une personne du même âge en 1980, 2000 ou 2020. Même chose pour une personne de 80 ans.

Et, là encore, on pourrait multiplier ce type d'illustration presque à l'infini.

Temps merveilleux que celui que nous connaissons où l'espérance de vie partout dans le monde a crû de manière hallucinante et pas n'importe quelle espérance de vie, mais une espérance de vie en bien meilleure santé bien plus longtemps !

Bien sûr, si la moyenne augmente et si l'espérance de vie croît partout dans le monde, des écarts existent, mais l'écart entre les champions, qui sont, bien entendu, parmi les pays les plus riches et les pays les moins bien lotis, tend à se restreindre. C'est une très bonne nouvelle car la raison pour laquelle l'écart d'espérance de vie entre les pays les plus riches et les pays les plus pauvres se réduit n'est pas que l'espérance de vie plafonnerait chez les plus riches, pour atteindre en France 85,4 ans pour les femmes, en hausse de 4 mois en 2022 par rapport à 2020, et 79,3 ans pour les hommes, en hausse de 3 mois dans cette même période, malgré la Covid. La raison essentielle est que les retardataires, particulièrement en Asie, ont accéléré le rythme de l'amélioration de leur espérance de vie de manière stupéfiante et, il faut bien le dire, absolument pas prévue, ni par les scientifiques de tout poil ni par les organismes mondiaux. Il n'y a que trois pays sur Terre qui aient vu leur espérance de vie reculer au cours des soixante dernières années : le Swaziland, le Zimbabwe et la Russie… bien que cette dernière soit en termes de taille et de ressources l'un des pays les mieux dotés au monde… C'est plutôt en matière de gouvernance que les choses pèchent depuis des siècles chez eux.

Voyons quelques-unes des conséquences de cette enthousiasmante évolution mondiale :

– Les deux tiers des personnes qui ont atteint l'âge de 65 ans dans l'histoire de l'humanité sont vivantes aujourd'hui. Je vous laisse réfléchir à tout ce que cela implique quant à l'évolution de l'humanité aux cours des toutes dernières générations.

– Un enfant qui naît aujourd'hui a beaucoup plus de chances d'atteindre ses 65 ans que les humains pendant des centaines de milliers d'années n'ont eu de chance de vivre jusqu'à leurs 5 ans.

– Il n'y a pas un seul pays au monde – y compris les plus pauvres – qui n'ait pas considérablement vu diminuer sa mortalité infantile depuis 1950. Pas un seul ! Si, dans les pays riches, la mortalité infantile est infinitésimale, même dans les quarante pays les plus pauvres de la planète, 90 % des enfants qui naissent dépassent l'âge de 5 ans. Il y a encore des progrès à faire dans ces zones, puisque la plupart de ces 10 % d'enfants qui décèdent avant leurs 5 ans meurent de maladies que l'on a éradiquées ou que l'on sait parfaitement soigner partout ailleurs, mais quand même, quel progrès fantastique ! Il ne faut pas oublier au passage le progrès pour les mères qui mouraient couramment en couches, plus d'une pour cent naissances. Ce taux a globalement été divisé par quatre en moyenne dans le monde et atteint même 0,03 % dans des pays comme la Finlande, la Grèce, l'Islande ou la Pologne (il est environ de 0,08 % en France) !

La première cause qui vient à l'esprit de cet incroyable allongement de la vie – et de la vie en bonne santé – est le progrès de la médecine. C'est en effet une cause importante, mais ce n'est pas la seule ni même la première. Avant de creuser les autres raisons qui font que les hommes vivent non seulement beaucoup, beaucoup plus longtemps partout sur la planète mais surtout pendant tout ce temps en bien meilleure santé que par le passé, même récent, profitons-en pour tordre le cou au passage à ce préjugé tenace selon lequel les progrès de la médecine ne profiteraient qu'aux pays riches, laissant les pays en voie de développement dans un état pire que celui qu'ils connaissaient il y a cinquante ou cent ans.

C'est tout à fait faux.

Si les plus riches sont évidemment bien mieux lotis que les plus pauvres, les progrès de la médecine sont globaux. Un vrai partage médical s'est organisé partout dans le monde.

Inutile de s'abrutir avec les centaines de chiffres que l'on pourrait citer, prenons juste un exemple simple : il y a cinquante ans, seuls 20 % des nouveau-nés dans le monde étaient vaccinés contre la diphtérie, la coqueluche et le tétanos, ce qui était déjà un formidable progrès par rapport à ce que l'on connaissait auparavant. Aujourd'hui, malgré la croissance exponentielle de la population humaine, la proportion s'est plus qu'inversée. L'UNICEF est aujourd'hui le premier fournisseur de vaccins au monde et il n'y a plus que 15 % des nouveau-nés sur l'ensemble de la planète qui ne soient *pas vaccinés* contre ces trois fléaux dans leur première année d'existence. C'est encore trop, bien sûr, mais quel progrès phénoménal : on est passé de plus de 80 % de non-vaccinés à moins de 15 % alors que la population se multipliait par trois !

Cela dit, si la médecine joue un rôle essentiel dans cet accroissement fantastique de la durée et surtout de la qualité de la vie, la cause première en est bien évidemment la réduction spectaculaire de la pauvreté dans le monde.

On a beau penser l'inverse, c'est bien ce qui s'est passé. On entend régulièrement au zinc du café du commerce cette vieille scie : 20 % de l'humanité capte 80 % des richesses tandis que les 80 % restants de nos frères doivent ne se partager que 20 % de ce qui est produit.

C'était sans doute vrai à une époque pas si lointaine que cela, mais ce n'est plus le cas.

Illustrons cela par un simple chiffre : c'est précisément le 28 mars 2012 – ce n'est donc pas hier matin – que le PIB (produit intérieur brut) des pays en développement dépassa 50 % du PIB mondial. Rassurez-vous, cela ne va pas durer. Beaucoup de ces pays, en Asie en particulier, ne sont déjà plus « en voie » de développement mais font désormais partie des riches de la planète ou sont en passe d'y parvenir.

Eh oui, non seulement la pauvreté a déjà reculé de manière phénoménale contrairement aux poncifs répétés *ad nauseam* sur les réseaux sociaux pour faire le procès de la mondialisation, mais il est extrêmement probable que cela va continuer.

Ne nous y trompons pas, la baisse continue de la pauvreté partout dans le monde est un fait acquis, sauf à ce nous enrayions ce mécanisme, comme l'a déjà fait la pandémie de Covid et comme cela serait le cas si nous suivions les suggestions criminelles de Sainte Greta. C'est tellement vrai que la baisse de la pauvreté – et l'augmentation de la consommation d'énergie carbonée qu'elle entraîne, bien évidemment – est l'une des variables essentielles qui sous-tendent chacun des 6 scenarii de réchauffement climatique retenus par le GIEC. Du plus faible au plus fort, ils prennent tous la même hypothèse : la pauvreté va continuer à décroître sur notre planète. Pour ce faire, les pays aujourd'hui pauvres consommeront plus d'énergie ; or la consommation d'énergie dans l'état actuel des techniques continue à générer l'émission de gaz à effet de serre, même si les choses peuvent et doivent s'améliorer – et d'ailleurs s'améliorent effectivement.

Il faut dire que le GIEC a très probablement raison : même si les scenarii les plus élevés de réchauffement climatique sont extrêmement improbables – nous y reviendrons –, la baisse continue de la pauvreté dans le monde, non seulement malgré mais grâce à la mondialisation, elle, est extrêmement probable.

Remettons un peu les choses dans leur contexte :

C'est la toute première fois dans l'histoire entière de l'humanité que la pauvreté n'est plus la norme. Non, c'est bien pire – ou bien mieux – que cela. C'est la toute première fois dans l'histoire entière de l'humanité que l'*extrême* pauvreté n'est plus la norme.

Tout au long de l'histoire, les populations du monde entier vivaient globalement dans le plus profond dénuement.

Tout au long de l'Ancien Régime, la France, pour ne parler que d'elle, a connu des famines endémiques : 2 à 16 par siècle sur l'ensemble de son territoire sans parler des famines locales dans telle ou telle région qui étaient monnaie courante. La France était pourtant l'un des pays les plus riches, sinon le pays le plus riche du monde à cette époque. Il en va de même de tous les autres pays européens – souvent de manière bien pire lorsqu'ils étaient moins riches.

Tous les films de reconstitution historiques nous montrent le nombre impressionnant de mendiants que connaissaient les villes d'Europe occidentale à ces époques. Il ne s'agissait pas seulement d'estropiés ou de paresseux, ce n'était pas non plus seulement en raison d'un chômage structurel. Il faut bien se rendre compte que, dans notre pays et chez nos voisins, la ration alimentaire moyenne était inférieure à ce qu'elle est aujourd'hui dans les pays les plus affamés du monde, qui se situent quasiment tous en Afrique noire. On disposait de moins de calories par personne en moyenne en France pendant des siècles que l'on n'en dispose en Centrafrique aujourd'hui. Environ une personne sur cinq était tellement affamée qu'elle ne pouvait absolument pas travailler. Tout au plus pouvait-elle se traîner quelques heures par jour pour mendier le peu de pain qu'elle consommait.

Pourquoi était-ce comme cela ? On pourrait gloser à l'infini mais restons simple. La pauvreté est le point de départ. La population d'un pays ou d'une région croît jusqu'à ce qu'elle atteigne le point maximum possible compte tenu des ressources. Lorsque l'on a atteint le point maximum, il y a forcément beaucoup de pauvres, car, si tout le monde était riche ou même à l'aise, alors il y aurait toujours une possibilité de croissance.

C'est en se fondant sur cette donnée toujours vérifiée au cours des siècles jusqu'à lui, que le fameux Malthus a développé à la fin du XVIIIe siècle sa théorie selon laquelle le pire était certain si l'on ne contrôlait pas les naissances. On sait aujourd'hui que Malthus s'est lourdement trompé. Il a été l'un des premiers à partir de données justes et, grâce à un raisonnement aussi rigoureux que brillant, à en tirer des conclusions radicalement fausses. Pourtant, malgré l'évidence des faits qui les réfutent, ces théories « malthusiennes » sont au cœur de la mode et justifient la folie criminelle de la décroissance dite « heureuse ».

Reprenons le principe fondamental retenu par le Révérend Malthus. Pour lui, la croissance démographique ne s'arrête que lorsqu'elle ne peut plus progresser, c'est-à-dire lorsque la pauvreté extrême, la famine, devient la norme. On ne nourrit déjà plus les habitants qui existent et il en meurt assez pour que cela contrebalance les naissances. Pour lui, donc, si on veut améliorer le sort de l'humanité, il faut prendre les mesures les plus sévères pour arrêter la croissance démographique avant d'arriver au point où la pauvreté extrême est la norme. Deux choses essentielles doivent être notées ici pour éviter que ce genre de conclusions en apparence empreintes de bon sens et de logique ne viennent justifier une dictature de la contrainte antinataliste :

– Les plus grands progrès que l'humanité a accomplis se sont toujours produits à un moment où la croissance démographique connaissait son maximum. C'est la baisse de la pauvreté qui a permis l'augmentation de la durée de la vie et non l'inverse. L'histoire nous apprend que, contrairement aux prévisions de Malthus, il n'est pas incompatible de croître en nombre et en bien-être en même temps. *Au contraire, c'est nécessairement ce qui se passe.* Le niveau de vie augmente, la pauvreté recule, la durée de vie s'allonge et la démographie croît de manière spectaculaire mais cela ne génère pas un retour à la famine. Ce que Malthus n'avait pas mesuré – et ne pouvait pas mesurer car il n'avait pas les données qui lui auraient permis de le faire – est que ce mouvement s'accompagne *toujours* d'une baisse de la fécondité. Résultat : la croissance démographique finit par se tasser et la population atteint un niveau maximum dans des conditions bien meilleures que celles qui étaient les siennes auparavant.

– La baisse de la croissance démographique alliée à un accroissement général du bien-être ne peut pas être le résultat d'une volonté ou d'une planification. La Chine de l'enfant unique était le pays le plus affamé du monde jusque dans les années 1980, même si les maoïstes chevelus d'Occident lançaient les pavés de Mai 68 en chantant les louanges de Mao – qui est probablement le plus sanguinaire et le plus incompétent de tous les dictateurs que la Terre ait jamais connus. Le seul moyen de faire baisser le taux de fécondité, c'est-à-dire le nombre d'enfants par femme qui est le seul indicateur valable, est l'accroissement du niveau de vie. L'avantage de ce moyen est qu'il est infaillible – contrairement aux politiques malthusiennes. La natalité en Chine est bien inférieure aujourd'hui à ce qu'elle était à l'époque de l'enfant unique. Nous reviendrons sur tout cela.

Maintenant que nous avons vu les deux raisons essentielles qui démontrent l'erreur de Malthus, regardons ce qui s'est passé. L'origine de l'évolution récente de l'humanité se trouve d'abord dans la révolution des esprits en Occident. L'absolutisme royal avait rendu obsolète le vieux monde médiéval et l'exemple américain avait montré qu'une autre voie était possible. Marx avait parfaitement analysé que la classe bourgeoise prenait le pas sur la classe aristocratique. C'est pour la suite qu'il s'est plutôt trompé. Il prévoyait que le capitalisme allait rendre les riches toujours plus riches et les pauvres toujours plus pauvres, comme si le progrès se devait d'être un jeu à somme nulle dans lequel, si certains gagnent, d'autres doivent perdre dans la même proportion. L'avenir a montré que c'était faux. Les riches se sont certes enrichis mais les pauvres aussi. Lentement d'abord, dans les conditions atroces de la première révolution industrielle en Angleterre, puis très progressivement de manière plus douce, souvent dans des conditions qui nous apparaissent à juste titre intolérables aujourd'hui mais qui représentaient à leur époque une claire amélioration par rapport au passé.

Bref, au début du XIXe siècle le niveau de vie moyen en Europe était comparable à ce qu'il est aujourd'hui en Haïti, mais avec une mortalité infantile bien supérieure. 40 à 50 % de la population européenne vivaient dans la misère la plus noire et, pour tout dire, dans la famine. À la fin du XIXe siècle, ces taux de misère noire avaient déjà terriblement fondu pour ne plus représenter que 10 à 20 % de la population d'Europe occidentale, ce qui était un progrès énorme et surtout sans précédent. Le mouvement d'éradication de l'extrême pauvreté s'est accéléré dans les années 1950 et a commencé à s'étendre sur la planète.

Est-ce à dire que la pauvreté a disparu aujourd'hui dans les pays occidentaux ? Pas du tout : regardez les SDF dans la rue, regardez les taux de pauvreté aux États-Unis, regardez la révolte des Gilets jaunes. Bien sûr, la pauvreté existe dans nos pays, bien sûr elle est excessive, scandaleuse, bien sûr la combattre est une priorité à tous points de vue, mais on ne parle pas ici de la même chose. 50 % de la population dans les années 1830 mourait littéralement de faim. Pas de RSA, pas de SAMU social, pas de Restos du cœur. Il y avait, bien sûr, des démarches de charité condescendantes de la part des femmes de la bourgeoisie, quelques belles initiatives aussi, mais globalement une personne sur deux mourait de faim. Il y en avait encore 10 à 20 % au début du XXe siècle. Il n'y en a plus aujourd'hui. Discours scandaleux de nanti ? Pas du tout, c'est un fait.

Regardons quelques données sur la pauvreté en France et aux États-Unis.

En France, selon les études les plus récentes de l'INSEE, le taux de pauvreté est stable, aux alentours de 14,6 %, et il représente donc 9,2 millions de personnes.

C'est intolérable.

Oui c'est intolérable, oui il faut s'en préoccuper, le propos n'est absolument pas de nier ce véritable problème, problème qui existe tout autant – et souvent plus – dans les autres pays occidentaux... mais ce n'est pas l'extrême pauvreté dont nous parlions plus haut.

La définition de la pauvreté de ces 9,2 millions de personnes est la suivante (je cite *in extenso* la définition donnée par l'INSEE) : « *Le seuil de pauvreté est fixé par convention à 60 % du niveau de vie médian de la population. Il correspond à un revenu disponible de 1 102 euros par mois pour une personne vivant seule et de 2 314 euros pour un couple avec deux enfants âgés de moins de 14 ans.* »

Une première remarque méthodologique. Ce genre de définition est extrêmement pertinent. En effet, on ne peut apprécier la pauvreté que de manière relative par rapport au niveau moyen « ambiant » dans le territoire étudié... mais ce genre de définition se réfère à un pourcentage du niveau moyen. Tant que le niveau moyen augmente le seuil en dessous duquel on est « pauvre » augmente aussi. Ainsi définis, les pauvres sont moins pauvres au fur et à mesure que la richesse globale s'accroît.

La seconde remarque est le revenu réel que cela représente en valeur monétaire constante, corrigée de l'inflation et tout ce que vous voudrez. Le revenu réel d'un pauvre Français en 1830 était 20 fois inférieur à celui d'un pauvre actuel. 20 fois moins ! Cela représente 60 euros actuels par mois et c'est bien le seuil de pauvreté noire qui existe aujourd'hui dans les pays les plus pauvres. Vivre en France aujourd'hui sans RSA, sans sécurité sociale, sans SAMU social, sans Restos du cœur avec moins de 60 euros par mois, c'est cela l'extrême pauvreté et c'est cela qui a disparu… alors que c'était la norme pour la majorité de la population… et surtout que cela existe dans d'autres pays que le nôtre.

Soyons bien clair, quitte à nous répéter : l'extrême pauvreté, qui existe encore par le monde, a été éradiquée dans nos pays. En France, si elle peut exister de manière marginale, les structures ont été mises en place pour qu'elle soit réduite autant que faire se peut : Couverture Maladie Universelle et RSA… Cela reste, bien sûr, de la pauvreté, personne ne la nie ni ne la méprise, et il faut en effet qu'elle décroisse mais ce n'est pas la pauvreté extrême qui était la norme de l'humanité en général et de la France en particulier pendant des siècles.

Curieusement, on peut dire la même chose de pays comme les États-Unis qui n'ont pas mis en place des structures d'aide similaires et dont la réputation en termes de pauvreté est épouvantable – à juste raison. Pensez : 34 millions de personnes vivent sous le seuil de pauvreté aux États-Unis.

Regardons-y de plus près.

Défini comme en France, le taux de pauvreté aux États-Unis juste avant la crise de la Covid avait baissé de manière constante. Il partait de 22,4 % au début des années 1960 pour atteindre, en 2014, le même taux qu'en France, 14,8 %. Il atteignait 10,5 % en 2019, c'est-à-dire un chiffre bien meilleur que le nôtre. La Covid est passée par là, augmentant fortement ce chiffre qui s'établit, à la fin de 2021, aux alentours de 13,2 %, mais depuis il est de nouveau en baisse. 34 millions de personnes, donc, mais cela représente en fait moins qu'en France en pourcentage, et la tendance y est bien plus favorable. S'ils n'ont pas le même soutien structurel qu'en France, les pauvres américains ne sont que de manière marginale dans le dénuement de l'extrême pauvreté. 100 %

disposent d'une ration calorique quotidienne suffisante (en fait, excessive : ils sont les premiers touchés par le fléau de l'obésité !), 99 % ont l'électricité, un réfrigérateur, l'eau courante et des toilettes reliées au système d'égout et d'épuration, 95 % ont une télévision, près de 90 % un téléphone portable, plus de 70 % une voiture et l'air conditionné à la maison. Comprenons-nous bien : il s'agit des pourcentages de gens qui se trouvent tous en dessous du seuil de pauvreté.

Redisons-le, le propos n'est pas de justifier l'existence de la pauvreté dans les pays développés, ni de prétendre avec un cynisme satisfait qu'« ils n'ont pas à se plaindre ». Il est juste de constater la réalité des faits : l'extrême pauvreté, celle qui représente un revenu inférieur à 2 dollars par jour (c'est le standard international), celle dans laquelle on n'a pas accès à l'eau courante, dans laquelle on ne mange pas à sa faim, cette extrême pauvreté qui était la norme depuis le fond des âges a baissé de manière constante malgré le rebond des crises, pour être totalement éradiquée dans les années 1950 dans les pays développés.

OK, admettons. Les pays riches sont riches et les pauvres y sont moins pauvres qu'ailleurs. En effet, il n'y a plus de famine en France, en Europe et aux États-Unis… Mais ailleurs ?

Eh bien ailleurs, au moment où l'extrême pauvreté disparaissait chez les privilégiés, la situation n'était pas brillante dans le reste du monde. Elle était même explosive, nous l'avons déjà évoqué. Le monde était au bord de la famine généralisée, surtout en Asie où la population croissait de manière constante alors qu'il était impossible de trouver les moyens de nourrir tout ce monde. Tout le monde pensait que les prévisions du grand Malthus, le théoricien du malheur programmé, se révéleraient exactes. La « bombe P » du professeur Ehrlich allait exploser. La famine, les conflits et les épidémies qu'ils entraînent allaient mettre le monde à feu et à sang…

Et c'est bien ce dont on se plaint encore cinquante ans plus tard au comptoir du café du commerce. L'affreuse mondialisation asservit les plus pauvres au profit d'une infime minorité de financiers cupides et immoraux, qui maintiennent le tiers- voire le quart-monde dans la plus noire des misères en pillant ses ressources au mépris de toute humanité et au passage en entraînant, pour transporter tout ce qu'ils volent d'un bout à l'autre de la planète, le réchauffement climatique qui va mettre fin à la vie sur Terre.

Pur fantasme.

L'une des plus grandes injustices qui soit est qu'il n'y ait pas plus de rues, d'avenues ou de places Borlaug, le père de la révolution verte. Immense savant et plus encore grand humaniste, ce biologiste américain, décédé en 2009, était un homme simple. Il commença ses travaux bien modestement au Mexique dans ce qui est devenu depuis le Centre international d'amélioration du maïs et du blé. Au début des années 1960, la Fondation Rockefeller, suppôt du capitalisme le plus noir, le fait travailler sur des variétés de blés adaptées aux milieux tropicaux. Rien de bien excitant jusque-là… sauf que, à force de milliers de croisements opérés à partir de souches locales avec la variété de blé « Norin 10 », il met au point « Lerma Rojo » et « Sonora », hybrides de blé à tiges courtes demandant bien moins d'énergie pour croître que le blé traditionnel mais aussi bien plus résistants aux parasites et à la canicule. Résultat : la récolte de blé mexicaine a été multipliée par six du jour au lendemain. Le Mexique, qui connaissait jusque-là la pénurie alimentaire, est devenu d'un coup un important exportateur de blé.

C'était déjà extraordinaire, mais le meilleur restait encore à venir. Le Pakistan et l'Inde, en pleine déconfiture alimentaire, se déclarent une guerre fratricide et sanglante. Borlaug s'installe dans les régions frontalières au beau milieu du conflit, mène à bien ses expériences et convainc les autorités des deux pays belligérants d'adopter non seulement ses méthodes de culture mais aussi les variétés de riz et de blé qu'il avait créées. Résultat : Borlaug enraya la famine effroyable que ces deux pays connaissaient et a mis fin à la guerre... Bien d'autres lui emboîtèrent le pas.

Tout cela valut au docteur Borlaug le prix Nobel de la paix en 1970. Dans sa nomination, le comité Nobel soulignait qu'il était probablement la première personne dans l'histoire de l'humanité à avoir sauvé des vies humaines « par milliards ». Il faut dire que Borlaug l'infatigable ne s'était pas arrêté là, mais c'est une autre histoire que nous verrons un peu plus loin.

Ce sont les pays d'Asie qui ont constitué la seconde vague de baisse massive de l'extrême pauvreté, en commençant par les pays qui avaient libéralisé leur économie. C'est essentiel car cette règle ne connaît aucune exception. Aucun pays n'est jamais sorti de la misère noire, qui est le point commun de départ de tous, y compris en Europe, sans mettre en place un système économique libéral, même si le système politique, lui, ne l'est pas nécessairement, nous y reviendrons.

Le Japon, la Corée du Sud, Taïwan, Singapour ont ouvert la route du développement. Convaincue par l'exemple de leurs voisins, la Chine à partir de 1979 et l'Inde à partir de 1991 leur ont emboîté le pas. Le Produit intérieur brut (PIB) par habitant – en d'autres termes, le montant de la production annuelle de richesse d'un pays divisé par le nombre de ses habitants et exprimé en dollars constants, c'est-à-dire en gommant les effets de la déperdition monétaire (inflation et autres) – a été multiplié par 5 en Inde, par 11 au Japon, par 20 en Chine qui est devenu la deuxième plus forte économie du monde juste après avoir été le pays le plus affamé de l'Histoire. En 1981, 90 % des Chinois étaient encore sous le seuil de l'extrême pauvreté, ce qui faisait de ce pays le champion du monde des famines depuis des décennies. Ils sont aujourd'hui moins de 10 %. Si l'on regarde plus généralement les pays de l'Est asiatique, on est passé d'un taux d'extrême pauvreté de 80,6 % en 1981 à moins de 4 % aujourd'hui.

Les pays d'Amérique du Sud ont suivi la même voie. Si l'Afrique noire reste encore à la traîne – on dit plutôt: l'Afrique subsaharienne, car il est vrai que la situation est bien meilleure en Afrique du Nord du Maroc à l'Égypte. Si l'Afrique subsaharienne est encore en retard, les taux de sous-alimentation qu'elle connaît se sont quand même améliorés partout et elle a connu quelques grands progrès. L'Éthiopie, qui était l'exemple type de pays où sévissait la famine, est passée de plus de 70 % d'extrême pauvreté au début des années 1990 à 16 % en 2019.

Résultat: tandis que la population mondiale doublait, la ration calorique par habitant augmentait en moyenne de presque 30 %, et ce – pour le coup – surtout dans les pays pauvres. Selon la FAO, qui est l'organisation des Nations Unies pour la nourriture et l'agriculture, le taux de sous-alimentation dans le monde est passé de 50 % dans les années 1950 à 37 % dans les années 1970 pour tomber à 8,9 % aujourd'hui, même s'il a réaugmenté pour la première fois depuis des décennies pendant la Covid. Cela veut juste dire qu'il a été diminué par un facteur supérieur à 5 alors que la population passait de 2,5 à 8 milliards de personnes. C'est, bien sûr, encore bien trop, mais c'est un progrès phénoménal… et d'autant plus impressionnant que 1950 représentait déjà un immense progrès par rapport aux siècles antérieurs. Notons que ces chiffres reposent sur une estimation du seuil d'extrême pauvreté à 1,90 dollar par jour et par personne – valeur adoptée depuis 2015 mais qui était de 1,25 dollar en 2008 –, toujours en dollars constants. C'est d'autant plus remarquable.

On est aujourd'hui repassé, avec la Covid, au-dessus de la barrière des 700 millions de personnes vivant dans le dénuement extrême sur notre planète pour atteindre environ 750 millions de personnes, nous y reviendrons. Cette barrière des 700 millions avait allégrement été franchie à la baisse pour atteindre un point bas en 2013 avec environ 630 millions de personnes.

Le chiffre de 750 millions de personnes affamées aujourd'hui est en lui-même terrifiant et l'effet de la Covid l'est plus encore, nous y reviendrons, mais la tendance générale est une formidable source d'espoir. Non seulement le taux de famine s'est écrasé, mais encore le nombre de personnes vivant dans l'extrême pauvreté a baissé non seulement en pourcentage mais aussi *en valeur absolue* alors que la population triplait. Il y avait encore près de 2 milliards de gens qui crevaient littéralement de faim sur Terre en 1984… Ils sont, en valeur absolue, quasiment trois fois moins nombreux aujourd'hui malgré l'effarante progression de la population terrestre. Si l'on suivait la même méthode que celle des Cassandres qui nous promettent des catastrophes épouvantables, c'est-à-dire si on extrapolait purement et simplement les courbes pour les prolonger vers l'avenir avec la même tendance que celle d'aujourd'hui – hors Covid, mais bien des indicateurs sont repassés au vert –, alors l'extrême pauvreté aurait purement et simplement disparu en 2035 !

Des progrès tels que ceux que nous avons connus, que nous avons créés, ne se sont jamais produits dans toute l'histoire de l'humanité. Jamais !

La pollution et la soif

« La pauvreté et le besoin sont les plus grands polluants », disait Indira Gandhi, qui savait ce dont elle parlait.

Elle avait raison.

La pauvreté, nous venons de le voir, n'a jamais autant reculé dans l'histoire du monde qu'elle ne le fait aujourd'hui, et comme en effet Indira Gandhi avait raison, il en ressort cette vérité paradoxale, que d'aucuns trouveront bien choquante avant d'y réfléchir un moment :

Le monde n'a jamais été aussi peu pollué qu'il ne l'est aujourd'hui.

Provocation ?

Absolument pas. Il faut juste mesurer précisément ce dont il est question.

Il n'est pas question de nier l'existence d'un véritable problème de pollution dans notre monde d'aujourd'hui. Ce problème ou, plutôt, ces problèmes, au grand pluriel, existent, ils sont préoccupants, et nous devons les prendre à bras-le-corps. Il n'en demeure pas moins que globalement la pollution a diminué.

Il ne s'agit pas de telle ou telle pollution spécifiquement moderne. Il est bien évident que la pollution par les matières plastiques, qui est un vrai problème, est forcément plus élevée maintenant que lorsque les matières plastiques n'existaient pas.

Ce dont il est question est la pollution en général sous toutes ses formes.

Il ne s'agit pas de la pollution qui met en danger la planète. Croyez-moi, la planète, elle en a vu d'autres. Si toutes les activités humaines cessaient du jour au lendemain, il ne resterait plus aucune trace du passage des hommes dans cent mille ans, c'est-à-dire un instant aussi insignifiant par rapport aux temps « géologiques » qu'un clin d'œil dans une vie humaine. Il suffit, rien qu'à notre échelle, de voir comment la nature a repris ses droits autour de Tchernobyl pour être confondu de notre insignifiance (ce qui ne veut pas dire qu'il faille polluer à tour de bras et moins encore que les radiations nucléaires ne soient pas dangereuses). Pour la planète, nous ne sommes que de passage et son évolution répond à un autre temps et à d'autres échelles que les nôtres. Ce que nous faisons ne l'affecte que pour un infime moment et elle continue imperturbablement et bien malgré nous à associer ou dissocier des continents, à subir 5 extinctions de masse, à percer des volcans, à soulever des montagnes, à creuser le grand canyon, à enchaîner les glaciations et les périodes torrides et toutes ces choses qui sont la vie de la planète et qui nous dépassent totalement.

Non, la pollution, la vraie, celle qui doit nous préoccuper au premier chef, c'est ce qui porte atteinte à la vie et au bien être humain sur notre planète.

Laissez-moi vous raconter la belle histoire de John Snow. Il ne s'agit pas du héros de *Games of Thrones* mais d'un pauvre et simple médecin londonien complètement englué dans l'épouvantable épidémie de choléra qui tua plus de 25 000 personnes à Londres au milieu du XIXe siècle. John Snow avait des patients de part et d'autre d'une longue rue, et il n'arrivait pas à comprendre pourquoi tous ceux qui étaient malades et mouraient habitaient sur la gauche de la rue, tandis qu'il n'y avait pas un seul cas à droite. Consciencieux, il chercha toutes les raisons possibles à cette incroyable inégalité devant la maladie. Les découvrir, c'était peut-être le moyen de mettre fin à l'hécatombe.

À force d'efforts, John Snow finit par s'apercevoir que si les deux côtés de la rue étaient alimentés par une eau courante puisée directement dans la Tamise, la pompe qui desservait le côté gauche de la rue était largement en aval de celle qui alimentait le côté droit. Or, entre les deux, se trouvait le déversoir des égouts.

Avant John Snow, grâces lui soient rendues, personne n'avait pensé que boire l'eau polluée par les égouts pouvait être une cause de mortalité. La découverte de John Snow a été non seulement à l'origine du plus grand progrès médical de l'histoire de l'humanité, mais aussi du combat contre les méfaits de la vraie grande pollution, la pollution de l'eau potable.

Les Londoniens étaient-ils débiles ? Pas du tout, et c'est pourquoi la ténacité de John Snow est si importante dans l'histoire de l'humanité.

Pendant des millénaires, en fait pendant toute l'histoire humaine sauf les toutes, toutes dernières générations, la première cause de mortalité anticipée, à tous les âges, dans tous les milieux et partout sur la planète, a été la pollution de l'eau. La pollution tuait plus que les guerres et les épidémies autres que celles qu'elle créait.

Imaginez les choses : Les puits étaient dans les cours des fermes. Ils y sont encore mais on ne s'en sert plus guère que pour arroser les plantes. Or les écuries, les étables, les lieux d'aisances étaient tous regroupés autour de ces mêmes cours. Bien des gens vivant aujourd'hui ont connu la cabane au fond du jardin, même si son utilisation n'est plus guère que folklorique, hors le cas des excellentes toilettes sèches qui, elles, ne sont absolument pas polluantes.

Pourquoi la cabane au fond du jardin était-elle plus polluante que les toilettes sèches d'aujourd'hui ? Parce que les excréments de la cabane au fond du jardin comme ceux de l'écurie et de l'étable se déversaient directement dans des trous dans le sol et que ces trous expédiaient toutes ces immondices directement dans la nappe phréatique. C'est justement dans cette même nappe phréatique, tout juste à côté de cette immense source de pollution, que l'on puisait l'eau.

Oui, mais tout cela c'était seulement dans les campagnes, me direz-vous. En effet, c'était encore bien pire en ville. Dans les grandes villes des temps anciens, comme dans les bidonvilles d'aujourd'hui, il n'y avait ni égouts ni système d'assainissement. À Paris comme dans toutes les villes d'Europe, on jetait son pot de chambre par la fenêtre et les déchets humains venaient s'ajouter aux tonnes de crottin des chevaux, des mules et des ânes qui sillonnaient la ville, sans même parler des animaux de boucherie. Bref, les rues étaient un cloaque immonde où l'on s'enfonçait jusqu'aux chevilles… et quand enfin, dans les pays d'Europe occidentale et aux États-Unis, on commença à mettre en place des réseaux d'égouts, on puisait l'eau dans les rivières où ils se déversaient sans que personne n'ait même l'idée de ce qui serait un jour des stations d'épuration.

En dehors de la recherche de l'ivresse, c'est surtout cette très mauvaise qualité de l'eau et son goût infect, plus que les maladies mortelles qu'elle entraînait – qui n'étaient pas bien identifiées jusqu'aux analyses géniales de John Snow –, qui ont entraîné la popularité de la bière et du vin, même pour les enfants jeunes. On a servi du vin dans les cantines scolaires françaises jusqu'en 1956.

Le résultat de cette pollution microbienne générée par les selles et l'urine dans toutes les zones habitées, urbaines ou rurales, sur l'ensemble de la planète, est que la pollution de l'eau a toujours été la première cause de mortalité dans le monde, avec la typhoïde comme championne toute catégorie des fléaux de la pollution dans l'histoire humaine. Aucune autre pollution ne lui arrive même à la cheville.

Le moyen de résorber la pollution de l'eau comme cause première de la mortalité mondiale consiste à s'assurer que l'eau est la moins contaminée possible au moment d'être bue par les consommateurs, ce qui est évidemment de plus en plus complexe et cher au fur et à mesure que l'on veut être efficace et universel sur un territoire donné.

La première solution proposée a été la javellisation de l'eau au XIXe siècle. Ce n'était pas l'idéal, bien sûr, mais c'était déjà un immense progrès par rapport à ce que l'on connaissait auparavant.

Aujourd'hui, on recourt encore à des antiseptiques et des bactéricides chimiques mais surtout on met en place des systèmes d'égouts et on assainit les eaux non seulement avant de les rejeter dans la nature, mais aussi et surtout avant de les réintroduire dans les systèmes de distribution d'eau potable.

En 1980, un peu plus de la moitié des habitants de la Terre avait accès à une eau protégée d'une contamination extérieure. Aujourd'hui, un peu plus de quarante ans après ce qui était déjà un immense progrès, près de 93 % des habitants de la planète ont accès à une eau sinon parfaitement saine, du moins protégée de la contamination microbienne, pour reprendre l'expression utilisée en 1980. Ce n'est pas toujours très commode, il s'agit souvent d'un seul robinet pour un village, mais ce robinet fournit de l'eau qui, pour être imparfaite – vous ne la boiriez pas –, ne vous donne pas la malaria. C'est dérisoire mais c'est essentiel. Si on parle de la mise en place de systèmes d'assainissement dignes de ce nom, près d'un quart de la population mondiale en bénéficiait en 1980 mais nous en sommes à plus de 70 % aujourd'hui.

Bon, il y a encore des progrès à faire, mais on a quand même fait reculer de manière extraordinaire les effets mortels de la pire des pollutions que nous n'ayons jamais connue, pollution endémique partout sur la planète jusqu'à nos jours : celle de l'eau…

Mais il y a d'autres formes de pollution de l'eau que celle qui tue par la dysenterie et la malaria.

Indira Gandhi disait que la pauvreté est le plus grand des polluants, et on a, en effet, du mal à imaginer que les personnes en état de pauvreté absolue ou juste au-dessus qui vivent dans le fin fond des bidonvilles puissent s'intéresser de quelque manière que ce soit à la propreté sinon de la nappe phréatique d'où elles tirent leur eau, mais d'une manière plus générale des rivières, des fleuves et des océans ; eh bien, détrompons-nous et arrêtons cette condescendance néocoloniale. Nous avons longtemps pensé qu'il appartenait aux pays occidentaux d'apporter la civilisation aux bons sauvages et l'histoire a fini par prendre un autre chemin. Alors, bien sûr, il ne faut pas tomber dans l'angélisme…

Eh bien pourtant…

Les choses ont terriblement évolué dans la démarche des pays pauvres par rapport à ce qu'elles étaient au moment de la révolution industrielle, période à laquelle tous les pays étaient « pauvres ». Aujourd'hui, on connaît les ravages de la pollution microbienne, bien sûr, mais aussi de la pollution environnementale. Contrairement aux idées reçues, les pays qui sont actuellement en voie de développement, ce n'est plus seulement une litote hypocrite, commencent à prendre des mesures antipollution des rivières, des fleuves et des rivages bien plus tôt que ne l'ont fait les pays riches quand ils étaient eux-mêmes en voie de développement.

En fait, depuis les années 1950, on le voit tous, une sensibilité tout à fait nouvelle pour l'environnement s'est développée un peu partout sur la planète, y compris dans les pays pauvres. C'est un corollaire de la baisse générale de la pauvreté. En Occident, on a particulièrement ressenti cette baisse de la pauvreté de la fin de la guerre avec le plan Marshall jusqu'à la crise pétrolière au milieu des années 1970. Ce sont les fameuses « Trente Glorieuses ». En France, on a eu et on a encore clairement le sentiment par la suite d'une série de crises à répétition et d'un appauvrissement progressif de la population depuis le premier choc pétrolier de 1973-1974. Des crises énergétiques, financières et sanitaires se sont certes succédé, mais la réalité est que le niveau de vie a continué à augmenter partout dans le monde, c'est-à-dire, bien sûr, dans les pays les plus pauvres mais aussi dans les pays riches et en particulier en France, même si le « ressenti » de la population est différent.

Ce sont ces conditions de vie meilleures qui ont permis le développement d'un courant de pensée écologique.

Auparavant, il y avait la misère généralisée puis la Première Guerre mondiale, la grippe espagnole, la Grande Dépression, la Seconde Guerre mondiale – bref, le terreau n'était pas favorable. On a commencé à s'inquiéter de la surpopulation et de l'épuisement des ressources en particulier alimentaires, puis, au fur et à mesure que ces risques essentiels s'atténuaient, on s'est inquiété de la pollution. Depuis la solennelle mise en garde du Club de Rome en 1972, on a l'impression que la pollution ne fait que croître, que les pluies acides vont transformer la Terre en désert pelé, que la plupart des espèces vont disparaître, que l'on va voir les cancers s'envoler à cause des polluants, des pesticides et autres produits chimiques que l'on balance un peu partout.

Qu'en est-il vraiment ?

Nous avons déjà vu que la pollution première, la plus grave, le fléau de l'humanité, c'est-à-dire la pollution microbienne de l'eau de consommation, a terriblement décru. On sera peut-être de nouveau surpris d'apprendre que c'est également le cas des autres sources de pollution – hormis les plastiques, puisque ceux-ci n'existaient pas. C'est ainsi, par exemple, que la pollution de l'air par les six principaux polluants a été réduite des deux tiers depuis le début des années 1980 : – 53 % pour les composés organiques volatils, – 55 % pour le dioxyde d'azote, – 58 % pour la matière particulaire, – 69 % pour le monoxyde de carbone, – 81 % pour le dioxyde de soufre et surtout une quasi-disparition, – 99 %, pour le plomb.

Londres, et son célèbre « smog », connaît aujourd'hui son air le plus propre depuis le Moyen Âge. Dans le même temps, des fleuves comme la Seine ou la Tamise – considérée comme biologiquement morte dans les années 1960 – ont retrouvé une vraie propreté, les poissons y reviennent et ces fleuves en abritent aujourd'hui plus de 125 espèces différentes, y compris l'hippocampe à museau court, terriblement sensible à la pollution. Une partie des épreuves olympiques de natation de 2024 se déroulent dans la Seine.

Les marées noires ont quasiment disparu (– 99 % depuis 1970). On n'entend plus parler ni du trou dans la couche d'ozone, ni des pluies acides qui étaient le cheval de bataille des Cassandres ces dernières années. Le premier se referme grâce à la sagesse des mesures prises par les gouvernants du monde entier à la suite de l'accord de Montréal qui interdit l'usage des CFC depuis 1987. Quant aux pluies acides, les taux d'acidification limites ne sont plus dépassés que sur 7 % du territoire de l'Union européenne, là où cela représentait 43 % il y a quarante ans.

On nous a rebattu les oreilles pendant des années et des années à propos des cancers qui allaient proliférer à cause de la pollution que nous subissons. On en fait aujourd'hui encore des films militants comme *Goliath* sorti en 2021 qui nous « apprend » qu'un homme sur deux et une femme sur trois en France vont attraper dans les dix ans un cancer mortel à cause des produits phytosanitaires. La réalité est bien que le nombre de cancers augmente, mais c'est en fait une très bonne nouvelle. C'est dû à l'accroissement de la population et surtout à son vieillissement, mais si l'on prend la vraie mesure, toutes choses égales par ailleurs les cancers diminuent fortement.

Expliquons de nouveau ce paradoxe que nous avons déjà croisé. On mesure le « taux d'incidence » du cancer au fur et à mesure de la vie. Le « taux d'incidence », c'est le nombre de cancers pour chaque tranche d'âge ramené à la population totale de la tranche d'âge concernée. Eh bien, le taux d'incidence du cancer en général diminue dans la quasi-totalité des groupes d'âge.

L'OMS estime que les cancers liés à la pollution chimique représentent moins de 3 % de l'ensemble des cancers (pas 3 % de la population, 3 % des cancers). Ces cancers dus à la pollution chimique ne concernent en fait quasiment que des individus surexposés pour des raisons professionnelles, pas la population générale. Plusieurs études tendent même à démontrer que les produits chimiques de synthèse présents dans l'alimentation – en particulier, les additifs – pourraient être moins nocifs que les produits naturels en termes de cancer... Scandale !

Profitons-en pour tordre le cou à un préjugé fortement ancré dans notre inconscient mais qui, quand on y réfléchit, n'a aucun sens : ce n'est pas qu'une substance est présente dans la nature qu'elle est nécessairement bonne pour la santé. L'amanite phalloïde qui semble si délicieuse avec son joli chapeau rouge est un poison mortel ! Avant de revenir à notre propos, je vous propose de bousculer un autre de ces préjugés : les habitants des zones urbaines utilisent significativement moins d'énergie et consomment moins d'eau que les ruraux... On pourrait multiplier à l'envi ce genre d'évidences qui se présentent comme des paradoxes.

Le danger chimique existe, bien sûr, mais le danger général que ferait porter sur nous la chimie moderne est très largement un fantasme. La chimie moderne est à la base du développement de l'allopathie pharmaceutique qui est l'un des leviers essentiels qui ont permis l'éradication de maladies endémiques mortelles et qui soignent plus efficacement que jamais celles qui demeurent. Personne ne peut sérieusement prétendre le contraire. Cela ne veut pas dire que la prévention et le recours dans certains cas aux médecines traditionnelles ne sont pas souhaitables, ils le sont. Cela veut juste dire que, dans l'ensemble, la chimie moderne a fait beaucoup plus de bien que de mal à l'humanité. La pollution n'est pas une bonne chose. Il faut la mesurer, la réguler et en combattre les effets. Cela n'empêche pas de remettre la chimie humaine à sa vraie place au lieu de crier au loup à tort et à travers. Regardez, on voit régulièrement proliférer – et pas toujours de manière innocente – de véritables délires collectifs antichimiques.

Je ne vais pas prendre le vieil exemple de l'aspartame qui a terriblement souffert des campagnes de dénigrement totalement infondées, orchestrées par les producteurs de sucre traditionnels, alors que le sucre traditionnel est un vrai poison, infiniment plus dangereux pour la santé publique que l'aspartame. Non, je vais prendre l'exemple beaucoup plus récent du site Yuka. Ce site, fort utile, vous donne les valeurs nutritionnelles d'un produit que vous scannez avec votre téléphone dans les rayons du supermarché. Il proposait automatiquement à ses utilisateurs de signer une pétition quand ils scannaient des produits de charcuterie industrielle contenant des nitrites. Cette pétition demandait avec véhémence l'interdiction des nitrites au motif qu'ils seraient cancérigènes. Ils le sont, en effet, mais à des doses telles que la consommation même régulière de ce type de produit ne pose aucun problème sanitaire. C'est un peu comme si l'on demandait d'interdire de vendre de l'eau en bouteille à cause du risque de se noyer dans l'eau. Ce n'est pas moi qui le dis : Yuka a été condamnée en justice pour cause de dénigrement abusif…

même si les cours d'appel tendent à être moins sévères que les tribunaux de première instance.

Nous n'avons rien contre Yuka, leur service est utile et performant. Il ne s'agit de défendre ni l'aspartame ni les nitrites, il faut juste arrêter de gober n'importe quoi.

Si l'amélioration générale en matière de pollution est un fait absolument établi, cela ne veut pas dire que tout va pour le mieux dans le meilleur des mondes possibles. Nous ne sommes pas plus en faveur de la pollution à outrance que nous ne sommes climatosceptiques.

Les deux problèmes les plus préoccupants sont la pollution par les matières plastiques et par les engrais artificiels, nous y reviendrons.

Au chapitre de l'eau, la pollution par les engrais et les pesticides agricoles mérite une mention particulière. C'est typiquement le type de question où les réponses toutes faites un peu simplistes montrent leurs limites.

Il n'est pas toujours facile d'être d'accord avec l'auteur préféré de Bill Gates, cet indécrottable – mais brillant – pessimiste qu'est Vaclav Smil, mais il a posé l'une des meilleures questions qui soit : Quelle est la plus importante des découvertes du XXe siècle ? Internet, l'ordinateur, l'énergie nucléaire ? Eh bien non, pour lui c'est la fixation industrielle de l'azote.

La fixation industrielle de l'azote – en d'autres termes, l'invention d'engrais extrêmement efficaces, simples d'emploi et bon marché – a permis, avec la sélection des espèces que nous devons à Borlaug, de nourrir l'humanité malgré sa croissance exponentielle et même de nourrir les 8 milliards d'individus que nous sommes aujourd'hui mieux que ne l'étaient les 2,5 milliards que nous étions après la Seconde

Guerre mondiale, et bien mieux que le milliard que nous étions au XIXe siècle.

On a nourri tout ce monde grâce à l'engrais, à l'azote et aux nitrates, mais l'engrais ne développe pas que les plantes agricoles, il ruisselle et développe les algues qui, en pourrissant, asphyxient non seulement les lacs et les rivières, mais aussi de nombreux systèmes marins.

C'est exact comme il est exact que les sols s'appauvrissent et que des facteurs comme la guerre en Ukraine viennent augmenter le coût des engrais azotés, mais ces inconvénients restent très mineurs par rapport au cataclysme que ces produits ont largement contribué à éviter.

De plus, depuis le XVIIIe siècle, on a multiplié par 4,5 les surfaces cultivées et on a surexploité les nappes phréatiques pour arroser tous ces champs.

C'est exact, mais les conséquences qu'en tirent les indécrottables pessimistes sont exactement contraires à la réalité, comme vous le savez déjà, puisque c'est un sujet que nous avons vu plus haut.

Vous savez donc, en réfléchissant par vous-même avec les éléments dont vous disposez, que les engrais – l'azote et les nitrates – ont été et sont toujours un facteur déterminant non pas de surpollution mais de réduction – et même de réduction drastique – de la pollution.

Eh bien oui : l'accroissement de la population mondiale de 2,5 milliards en 1960 à 8 milliards aujourd'hui est un fait. Si nous n'avions pas pu accroître la production agricole non seulement à due proportion de l'accroissement de la population mais même bien au-delà, il en serait résulté une pauvreté générale, des révoltes, des guerres, une surmortalité par milliards… La pauvreté, la guerre et la mort sont, *a minima*, une « pollution » bien plus grave que celle que nous connaissons aujourd'hui du fait des engrais. Mesurons bien les choses : on aurait parlé des milliards de morts que prévoyait Ehrlich.

OK mais il n'en demeure pas moins que l'asphyxie des eaux et la surutilisation des nappes phréatiques sont des pollutions majeures, non ?

Eh bien oui, en effet, mais, en retour, qu'ont permis les engrais azotés et les nitrates ?

Ils ont permis de ne pas transformer la planète en désert. Répétons-le : sans les engrais, notamment, il aurait fallu faire croître les surfaces cultivées de plus de 3 milliards d'hectares supplémentaires pour nourrir l'humanité. Souvenez-vous : la superficie cumulée de la Chine, des États-Unis et du Canada aurait dû être déboisée pour être mise en culture… Eh bien, c'est grâce, notamment, aux engrais azotés et aux nitrates qu'on n'a pas transformé la Terre en planète rasée avec la destruction de la faune sauvage et de la flore qui en serait résultée. Sans les engrais artificiels, nous aurions connu la fin de la biodiversité.

Il est vrai de dire qu'on a multiplié par 4,5 les surfaces cultivées depuis le XVIIIe siècle, mais présenter les choses de cette façon est bien tendancieux. De 1950 à aujourd'hui, nous sommes passés de 2,5 à 8 milliards d'humains, mais les surfaces cultivées n'ont crû que de 12 %. Prendre le XVIIIe siècle comme point de référence conduit à donner une image bien fausse de ce qui s'est réellement passé à l'âge contemporain.

La surpopulation et la pénurie

Selon Antonio Gutteres, secrétaire général de l'ONU, c'est précisément le 15 novembre 2022 que l'humanité a atteint les 8 milliards d'individus. C'est sans doute plus un effet d'annonce qu'une réalité observable – on ne sait jamais vraiment à 100 millions près ce qu'il en est –, mais c'est la moyenne statistique. Prenons-la comme elle vient.

Nous savons déjà que nous n'étions que 2,5 milliards dans les années 1950, et la mode est de répéter à qui mieux mieux que cette hallucinante explosion de la population est la pire catastrophe que l'humanité ait jamais connue.

Plus de gens sont nés pendant cette période que le total des êtres humains avant eux. Les incapables gouvernants du monde entier auraient dû prendre, depuis des décennies, les mesures qui s'imposaient pour contrôler la croissance anarchique de la population. C'est aujourd'hui bien trop tard. Seule une dictature écologiste qui, enfin, accepterait de prendre les choses sérieusement en main pour le bien de la planète pourrait limiter un peu les dégâts en interdisant aux gens de procréer comme des lapins, en pénalisant fortement les familles nombreuses, voire en employant la force pour contrôler les naissances. Quoi qu'il en soit et en attendant que l'on renonce enfin à nos délires suicidaires de démocratie et de liberté, prenons à titre individuel nos responsabilités et refusons d'avoir des enfants.

Soyons clairs, tout cela est tout simplement absurde.

La croissance de la population n'est pas la pire des catastrophes que la planète ait jamais connue. C'est juste l'inverse. La croissance de la population est le résultat de la diminution drastique de la faim et de la mortalité infantile entre autres, nous l'avons vu. C'est donc une nouvelle extraordinairement positive, car jamais l'humanité n'avait connu de tels progrès dans toute son histoire.

Il est tout à fait faux de dire qu'il y a plus d'humains aujourd'hui que le cumul de toutes les naissances depuis le début de l'humanité. On estime que 110 à 120 milliards d'humains se sont succédé sur notre planète. Il n'y en a que 6 à 7 % qui soient aujourd'hui vivants et les plus de 100 milliards qui les ont précédés n'ont pas pour autant fait de la planète un désert stérile, bien que les ressources naturelles ne se soient pas renouvelées depuis le début des quelque malheureux 200 000 ans de l'histoire humaine !

Il est pourtant vrai, nous l'avons vu, que les deux tiers des gens qui ont atteint l'âge de 65 ans dans toute l'histoire de l'humanité sont aujourd'hui vivants. Il est également vrai que la mort des enfants dans leurs cinq premières années de vie, et ce sur la totalité de la planète, est devenue une exception. Ce ne sont pas des fatalités, ce sont de fantastiques nouvelles !

Si vous pensez qu'un monde meilleur est un monde où un bébé sur deux meurt en bas âge, où la famine est la norme de la quasi-totalité de l'humanité, y compris dans les pays occidentaux, un monde où la maladie fait tomber hommes, femmes, adolescents et enfants comme des mouches, un monde de guerres et d'épidémies – bref, si vous pensez que le bien de la planète aurait été de ne pas progresser partout dans le monde sur tous ces fronts comme elle l'a fait de mieux en mieux au cours des cent, cinquante, trente dernières années –, eh bien nous ne sommes pas d'accord.

Le mal, c'est la souffrance humaine, et le mal absolu, c'est la souffrance du plus grand nombre. Le mal absolu, c'est un monde où la norme est la souffrance : C'est le monde d'hier.

Il n'y a pas de bon vieux temps.

Il ne s'agit pas de jeter la pierre aux générations passées, ni sur leur système politique, ni sur leurs orientations religieuses ou morales… Le monde évolue, ce genre de « jugement » rétrospectif n'a absolument aucun sens. Il s'agit juste de constater ce qui est. Le monde « merveilleux » de nos aïeux, peuplé de quelques centaines de millions d'habitants, était un monde de violence et de famines, de maladie et d'aliénation, partout, pour tous, même pour les riches dont les enfants en bas âge mouraient autant que ceux des pauvres et qui n'étaient pas mieux soignés, par exemple, d'une appendicite toujours mortelle.

Nous ne voulons pas faire d'enfants dans le monde pourri et surpeuplé que nous connaissons aujourd'hui.

Aujourd'hui ? Vous auriez donc été prêts à faire des enfants dans ce monde d'avant mais vous refusez d'en faire dans le monde d'aujourd'hui… pour leur bien… Eh bien, cela n'a pas de sens. Partout dans le monde, les enfants vivent bien mieux aujourd'hui qu'hier et continueront à le faire quoi qu'en disent les Cassandres de tout poil. Si vous pensez que l'homme n'aurait pas dû procréer, ni aujourd'hui, ni hier, ni jamais… alors lisez ce livre jusqu'au bout et vous verrez que, malgré tous ses travers, l'humanité progresse, comme l'enseigne le bouddhisme, qu'elle est belle et qu'elle l'est même de plus en plus, qu'elle se soucie aujourd'hui bien plus qu'hier de son prochain, de la nature, de l'environnement, du réchauffement climatique.

Bien sûr, l'homme a un impact sur son environnement comme tous les animaux en ont un, à leur mesure, mais souvent bien différent que ce que nous pouvons imaginer. Pour bien comprendre que les interactions avec l'environnement existent dans la nature à tous les niveaux et pas seulement au niveau humain, pour une fois prenons une illustration qui nous vient du monde animal : les loups peuvent changer le cours de rivières. Vous n'y croyez pas ? Laissez-moi vous raconter en quelques mots cette « cascade trophique » qui n'est qu'une illustration parmi tant d'autres des interactions inattendues qui existent dans la nature.

Si l'on voit l'écologie comme une doctrine dont le but est d'améliorer les rapports entre l'homme et la nature, alors on risque de penser qu'introduire – ou, plutôt, réintroduire – artificiellement un prédateur comme le loup dans un milieu naturel dont il est absent ne peut que conduire à faire baisser la biodiversité du fait de sa chasse. Quant à l'idée même d'un impact quelconque de cette réintroduction sur la géographie physique, elle semble totalement absurde.

Ce sont des préjugés.

Si, en revanche, on sait que l'écologie n'est pas une doctrine mais une science qui étudie les interactions entre les êtres vivants et leur milieu, alors on découvre une belle histoire.

À l'initiative des hommes, les loups sont revenus dans le parc de Yellowstone, aux États-Unis, à la fin du XXe siècle. Les wapitis, ces grands cervidés qui jusque-là broutaient tout à blanc, ont très vite adapté leur mode de vie à la présence des loups. Ce n'est pas tant que les loups aient décimé les populations de wapitis, ils n'étaient de loin pas assez nombreux pour cela et ils s'attaquent bien plus volontiers à des proies plus modestes. Non, en en chassant quelques-uns, ils ont changé le comportement des troupeaux. Les wapitis se sont mis à éviter les endroits dangereux où ils étaient facilement repérables, et particulièrement le fond des vallées et les bords de rivière.

La végétation a commencé à s'y réinstaller et très vite la forêt s'est reconstituée. La présence nouvelle des trembles, des saules et de tous ces arbres que les wapitis ne laissaient plus croître a entraîné un retour des espèces qui ont besoin des arbres pour vivre, comme les oiseaux ou les castors. Les barrages des castors ont servi d'habitat pour les loutres, les canards, les grenouilles. Si les loups ne chassent le wapiti que de manière relativement marginale, ils s'attaquent beaucoup plus fréquemment aux coyotes qui décimaient les populations de lapins et autres petits rongeurs, ce qui a laissé plus de place aux autres prédateurs comme les faucons, les blaireaux et les belettes. Les ours aussi sont revenus en se nourrissant des charognes laissées par les loups et des baies des arbres qui avaient repoussé. En croissant au fond des vallées, les arbres ont consolidé les rives, les rivières sont devenues plus étroites, moins tourmentées de méandres, des rapides sont apparus. En quelques années, les loups du Yellowstone ont non seulement multiplié la biodiversité de manière spectaculaire, mais encore ils ont radicalement changé la flore et même la géographie de leur espace naturel retrouvé.

Cette belle histoire nous montre que les impacts qu'un changement peut avoir sur l'environnement ne sont pas nécessairement ceux que l'on croit *a priori* devoir se produire quand on confond science et doctrine. Ce qui est vrai des loups peut l'être aussi des hommes et de leur influence sur la nature. Laissons de côté les préjugés écolog*istes* pour regarder les réalités écolog*iques* au sens scientifique du terme.

La doctrine écologiste nous abreuve constamment des catastrophes toujours imminentes qu'elle annonce à grand renfort de trompettes médiatiques. Elle s'appuie pour cela sur la réalité de ce que l'homme a pu faire de pire, comme à Tchernobyl où la radioactivité rend toute vie impossible dans un vaste périmètre pour au moins 50 000 ans, si ce n'est plus. Aujourd'hui, au sein de ce « désert radioactif », on trouve… des insectes, ce qui ne surprendra personne, des plantes, des oiseaux aussi comme les pygargues, les busards ou les hiboux, mais, de manière plus surprenante, on y trouve un grand nombre de belettes, de loups, de sangliers, de cerfs, de lynx et même des chevaux sauvages. *La biodiversité y est bien plus grande qu'avant la catastrophe nucléaire.* Plus étonnant encore, au milieu de cette réserve radio-écologique involontaire, on trouve des humains… Il y a, bien sûr, des touristes fanatiques d'urbex, ce « sport » moderne qui consiste à aller visiter les lieux abandonnés, si dangereux soient-ils. Ces débiles s'aventurent en terrain radioactif, au risque de leur vie et de celle des autres qu'ils risquent de contaminer, en traversant illégalement dans les deux sens le cordon sanitaire – bien mal gardé – qui entoure la zone d'exclusion. Soit…

Mais ce n'est pas tout. On y trouve aussi des habitants humains permanents, ils ont même un nom spécial. On les appelle les samosely. Les samosely sont revenus de leur plein gré vivre non seulement dans quelques villages disséminés dans le cercle d'exclusion de 30 kilomètres autour de la centrale, mais pour la plupart dans le centre de la ville de Tchernobyl même ! Ce sont des gens que l'on avait évacués, prétendument pour quelques jours, et qui ont fini par en avoir assez d'être transbahutés de droite et de gauche, avec mépris et défiance, sans aucune possibilité de reprendre le cours d'une vie normale dans les débris de l'Union soviétique disparue quelques années après l'accident. Ils sont juste revenus sur place et y vivent depuis bientôt trente ans. Parmi eux, Lydia Sovenko y a même donné le jour à une petite Maria en 1999. Maria, née à Tchernobyl, y est restée de manière permanente jusqu'à ses 7 ans, âge auquel elle est allée à l'école comme pensionnaire dans la ville la plus proche de la zone d'exclusion… Ce qui ne l'empêchait pas de rejoindre ses parents à Tchernobyl tous les week-ends. La jeune fille est parfaitement normale et toute sa famille se porte toujours fort bien. Personne à son école n'a été contaminé.

Cela veut-il dire qu'il faut multiplier les accidents nucléaires pour favoriser la biodiversité ou qu'ils ne représentent aucun danger ? Pas du tout. Cela veut juste dire qu'il faut regarder les dangers – réels – tels qu'ils sont et non tels qu'on les fantasme.

La population humaine a triplé en soixante-dix ans. C'est un fait, ce n'est pas une catastrophe. On nous avait prédit avec force démonstrations scientifiques que cela conduirait à des famines et des guerres, il n'y en a jamais eu aussi peu dans l'histoire de l'humanité.

Arrêtons quand même de procréer comme des fous. N'amplifions pas cette dangereuse tendance, abstenons-nous de faire des enfants.

Mais non, ce n'est pas le fait de procréer comme des fous qui a conduit à cette croissance énorme de la population, c'est même le contraire.

Depuis les années 1950, le nombre d'enfants par femme, ce qu'on appelle le taux de fécondité – qui est le meilleur indicateur de l'évolution de la natalité dans une région donnée –, est passé en moyenne sur la planète de 6,1 à 2,4 et continue à baisser.

Oui, bien sûr, dit-on au café du commerce, c'est le cas dans nos pays égoïstes qui sucent la substance vitale de la planète et qui se regardent tellement le nombril qu'ils ne veulent pas partager, même avec leurs enfants, mais ce n'est sûrement pas le cas dans les pays pauvres où l'on continue à faire de plus en plus d'enfants, c'est bien pour cela que la population de la planète explose.

Eh bien, pas du tout. Le phénomène de baisse de la fécondité est en effet plus marqué dans les pays qui ont déjà connu le développement, mais il est général. La fertilité baisse au fur et à mesure que le développement survient. Partout. Toujours. Elle baisse même bien plus vite dans les pays qui se développent aujourd'hui qu'elle n'a baissé dans ceux qui se sont développés hier. C'est une constante générale sur toute la planète qui ne connaît aucune exception. Les règles morales, politiques ou religieuses n'ont absolument aucun impact sur cet état de fait.

La fécondité décroît et pourtant la population croît. Ce paradoxe ne vous semble pas clair? Prenons un exemple simple: supposons que 100 femmes fassent en moyenne 3 enfants, cela fait 300 enfants. Si leur taux de fécondité descend à 2 enfants chacune mais qu'entre-temps le nombre de femmes a crû de 100 à 200 car elles meurent moins vite en bas âge, par exemple, alors elles feront 400 enfants, ce qui est 100 enfants de plus que précédemment, bien que la fécondité ait baissé.

C'est précisément ce qui s'est passé et qui continue à se passer. La population n'a pas crû parce que les femmes et les hommes se sont mis à procréer comme des bêtes, au contraire, mais parce qu'ils ont arrêté de mourir comme des mouches. En termes un rien plus scientifiques, la baisse du taux de mortalité a plus que compensé la baisse du taux de fécondité, pourtant spectaculaire elle aussi.

Ce phénomène de baisse de la mortalité puis de baisse corrélative de la natalité a été relativement lent en Occident où il s'est étalé sur près de deux siècles, avec la parenthèse du baby-boom des années 1950-1960.

Les deux taux ont en revanche évolué beaucoup plus vite dans les pays d'Asie puis d'Amérique latine qui ont connu la seconde vague de développement. En soixante ans, le taux de natalité en Asie de l'Est est passé de 5,6 à 1,6, bien en dessous du taux nécessaire pour juste renouveler la population et même en dessous du taux de fécondité en France, qui est de 1,83. La politique totalitaire de l'enfant unique en Chine n'a pas permis de faire baisser le taux de fécondité autant que le développement économique le fait aujourd'hui, loin de là. Le taux de fécondité chinois est constamment resté au-dessus de deux pendant toute la décennie 1980 au moment où la troisième campagne de contrôle des naissances, la plus dure, battait son plein. Il s'établit en revanche aujourd'hui à 1,3, l'un des plus faibles du monde, bien en dessous de celui de la France ou de la moyenne d'Asie de l'Est et, bien sûr, *a fortiori* très en dessous du taux de renouvellement de la population. Pourtant la politique de l'enfant unique a été abandonnée depuis des années.

L'évolution de la fécondité ne se décrète pas, même dans des pays sombrement totalitaires ! Une vraie pierre dans le jardin des écologistes radicaux qui croient tout savoir avec une folle arrogance en proposant des « politiques dénatalistes » dont ils devraient savoir qu'elles sont parfaitement inefficaces. C'est en effet ce que propose une kyrielle d'associations un peu partout dans le monde, de la puissante Taxab en Inde à « Démographie responsable » en France. C'est sous l'égide de vieilles barbes comme Yves Cochet, ancien ministre de l'Environnement ou du multicandidat présidentiel Antoine Waechter que « Démographie responsable » prône des mesures d'une brutalité hallucinante après avoir levé bien haut sur son site l'étendard du respect humain. Pour vous en convaincre, jetez un œil sur l'épouvantable bouquin d'un certain Antoine Bueno, *Le Permis de procréer*, qui montre à quel point la tentation totalitaire revient facilement sur le devant de la scène dès qu'un problème ou un bouc émissaire quelconque montre le bout de son nez... Ah oui, n'oublions pas, ce Monsieur Bueno est conseiller démographique au Sénat. Il s'est encore brillamment distingué dans un autre genre en publiant *No Vote*, l'un des pires bouquins de négation de la démocratie qui puisse se trouver !

Revenons-en à la baisse de fécondité. Le même mouvement de baisse qu'en Chine et en Asie de l'Est en général s'est produit en Asie du Sud où le taux est passé de 6 à 2,6. Il n'en demeure pas moins que la population de ces régions continue à croître, comme on l'a vu, car la mortalité y a baissé plus vite encore. Résultat, même avec ces baisses spectaculaires de la fécondité, paradoxalement, plus de 60 % des habitants de la planète seront asiatiques en 2050, alors que la proportion était deux fois moindre en 1980. L'Amérique du Sud a connu le même mouvement en passant de 5,9 à 2,2. Même l'Afrique noire, qui n'a pas encore connu le boom de son développement économique, à quelques très rares exceptions près comme l'Afrique du Sud, a entamé la baisse de sa natalité en passant de 6,6 à 5,1, taux qui atteindra 4 en 2030 et 3 en 2050. Espérons que l'Afrique fera encore mieux que cela, mais personne ne le décrétera.

Cette double tendance de baisse de la fécondité et de la mortalité finissant par se traduire par un accroissement de la population se poursuivra de manière certaine, puisque l'espérance de vie va continuer à croître en moyenne mondiale jusqu'à au moins 77,2 ans en 2050.

Il en résulte que, quoi que nous fassions, nous serons 10 milliards d'habitants sur Terre aux alentours de 2050, peut être un peu plus tard.

C'est une catastrophe, c'est beaucoup trop!

Qu'est-ce que cela peut bien vouloir dire: « trop »? Malthus le disait déjà lorsque les habitants de la planète étaient dix fois moins nombreux!

Essayons de voir pourquoi nous serions trop nombreux sur Terre en examinant 5 affirmations courantes sur le thème du « On est trop » :

1) On est trop parce qu'on ne pourra pas nourrir les gens.

2) On est trop parce que cela va entraîner des maladies épouvantables.

3) On est trop parce qu'il n'y aura pas assez d'eau pour tous.

4) On est trop parce que l'on n'aura pas assez de ressources renouvelables.

5) On est trop parce que l'on va épuiser les ressources non renouvelables.

1) On est trop parce qu'on ne pourra pas nourrir les gens.

C'est parfaitement faux. Nous avons vu que non seulement on avait réussi à nourrir les gens pendant l'expansion démographique que la Terre a connue et qui est bien supérieure à celle qui vient, mais surtout on les nourrit bien mieux qu'auparavant. Le défi qui est devant nous est bien moindre que celui que nous avons déjà relevé avec un succès effarant.

2) On est trop parce que cela va entraîner des maladies épouvantables.

Les grandes épidémies qui ont vraiment impacté la population mondiale, comme la peste noire, se sont déclarées à une époque où la mondialisation n'existait pas et où le nombre d'habitants de la planète était infiniment moindre qu'aujourd'hui. Ce n'est pas le fait de passer de 8 à 10 milliards qui crée en soi un risque d'épidémies qui existe par ailleurs. D'ailleurs, si une épidémie ravageait la Terre, ce qui n'est malheureusement pas absolument impossible, le nombre d'êtres humains baisserait et nous cesserions d'être « trop » nombreux.

3) On est trop parce qu'il n'y aura pas assez d'eau pour tous.

Il faut arrêter avec cette chimère. L'eau est extrêmement abondante sur la planète. Soyons clair : même lorsque nous serons 10 milliards, il y aura toujours 140 millions de mètres cubes d'eau par être humain.

Oui, mais beaucoup de cette eau est de l'eau salée.

OK, mais il y a environ 4 millions de mètres cubes d'eau potable par habitant de la Terre.

Oui, mais à force de la consommer, un jour il n'y en aura plus.

Pas du tout, l'homme ne consomme pas d'eau. Nous utilisons de l'eau de manière temporaire pour boire, très minoritairement, mais aussi pour l'agriculture, pour cuisiner, nous laver, bâtir des choses, produire, mais cette eau nous ne la gardons pas. Nous la restituons à la nature. Elle rentre dans le grand cycle de l'eau. La réserve d'eau mondiale n'a aucune espèce de chance de baisser, la seule chose qui puisse arriver est que la fonte des glaces restitue plus d'eau potable au cycle de l'eau, liquide et gazeuse (sous forme de vapeur dans les nuages), mais c'est fondamentalement inutile. En tout état de cause, la réserve d'eau – salée ou potable – ne se tarit en rien du fait de l'activité humaine.

Oui, mais nous polluons l'eau.

Cela, c'est vrai, mais l'augmentation de la population humaine est, nous l'avons vu, une résultante du développement économique, et le développement économique conduit à dépolluer l'eau. La décontamination des eaux polluées par les rejets humains et animaux commence par l'eau de consommation, sans quoi la croissance de la population est impossible. L'eau potable a augmenté en qualité et en quantité absolument partout et elle continue à se développer dans les pays qui restent encore à la traîne. On dépollue l'eau de consommation, puis l'eau douce en général, comme celle des grands fleuves des pays développés. Paradoxalement, donc, plus nous sommes nombreux sur la planète, moins l'eau est polluée… et c'est d'autant plus vrai que l'accroissement spectaculaire des rendements agricoles n'impose pas un développement exponentiel des terres cultivées et donc limite la pollution par les engrais. De grands progrès sont encore à attendre dans ce domaine grâce à l'amélioration des cultures (arrosage ciblé, OGM…).

Oui, mais l'eau n'est pas équitablement répartie.

Il y a des zones arides, en effet, ce n'est pas nouveau. Il est possible que certaines zones changent, cela s'est toujours produit, nous connaissons ainsi de plus en plus d'inquiétantes pénuries d'eau en France et le gouvernement a annoncé au

1er semestre 2023 des mesures importantes dans ce domaine. Indépendamment de ces évolutions locales, globalement le réchauffement climatique devrait tendre à réduire les pénuries d'eau en augmentant l'évaporation, donc les précipitations. L'aridité n'est pas tellement un problème pour la consommation de l'eau par l'homme mais plutôt pour sa nourriture, c'est-à-dire pour l'agriculture qui est également soumise à des contraintes comme l'imperméabilisation des sols… L'amélioration des techniques grâce au développement et en particulier le recours au goutte-à-goutte pour les cultures tendent à résoudre ces difficultés.

4) On est trop parce que l'on n'aura pas assez de ressources renouvelables.

Ce qui est vrai pour l'eau est vrai pour toutes les ressources qui se renouvellent. Si elles ne se renouvelaient pas assez vite du fait de leur usage, alors l'expérience nous apprend que l'ingéniosité humaine y pourvoit, comme elle le fait toujours. Les ressources agricoles étaient insuffisantes, la « bombe P » allait éclater, et voilà que Borlaug et les engrais ont permis d'améliorer les rendements dans des proportions telles que la faim a drastiquement chuté tandis que la population doublait, triplait… On surpêche les poissons. Les États y remédient, pas assez vite sans doute, mais ils commencent par interdire la chasse à la baleine (qui n'est pas un poisson), dont la population s'est aujourd'hui reconstituée au point que la chasse a pu reprendre, puis les techniques de pêche sont réglementées (la France interdit temporairement la pêche à partir de février 2024 pour épargner les dauphins du golfe de Gascogne) et surtout la pisciculture se développe. Négligeable ? Pas du tout. Depuis les années 1980, la production de poissons d'élevage a été multipliée par près de 15. Elle couvre aujourd'hui plus du tiers de la consommation mondiale de poisson, alors qu'elle était insignifiante. La solution est là. Elle n'est pas seulement théorique, elle est réelle et elle est effectivement mise en place. Dès lors qu'une ressource est renouvelable, les humains prennent conscience de sa surexploitation, ce qui peut prendre un certain temps, puis parviennent à la gérer.

5) On est trop parce que l'on va épuiser les ressources non renouvelables.

À bien y regarder, il existe peu de choses qui ne sont pas renouvelables et que l'on consomme effectivement, c'est-à-dire de choses qui se détruisent irrémédiablement et qui disparaissent en se transformant radicalement en autre chose. Assez curieusement, il s'agit essentiellement de choses qui produisent des gaz à effet de serre : pétrole, gaz naturel, charbon… Cela fait bien longtemps que l'on en prédit la disparition, mais force est de constater que l'on n'arrête pas d'en découvrir de nouveaux gisements ou que les conditions économiques font que l'on peut exploiter des ressources qui n'étaient pas jusque-là rentables, augmentant ainsi de fait le stock de combustibles fossiles disponibles.

Quoi qu'il en soit, à plus ou moins brève échéance – mais pas de manière immédiate –, ces ressources-là seront en effet épuisées un jour car leur renouvellement, qui existe, se fait sur une échelle de temps géologique et pas humaine. Ne les pleurons pas trop car l'utilisation de ces ressources-là pollue et contribue au réchauffement climatique. Le plus probable est qu'elles seront remplacées par des ressources différentes avant d'être totalement épuisées. Leur épuisement ne sera plus un véritable problème à ce moment-là car leur utilité sera moindre, voire nulle. C'est déjà partiellement – et de plus en plus – le cas et nous verrons que les solutions sur lesquelles travaille l'ingéniosité humaine sont plus que prometteuses.

Restent les ressources non renouvelables autres que les combustibles fossiles comme les métaux et les minéraux. Ces ressources-là, on ne les consomme pas à proprement parler, on les utilise.

Il s'agit d'abord, bien sûr, des grands métaux de base comme le fer, le cuivre, l'aluminium, le nickel, le manganèse, le plomb, le zinc, le chrome, etc. Viennent ensuite les métaux précieux comme l'or, l'argent ou le platine puis ce que l'on appelle les métaux de spécialité qui sont utilisés en petite quantité pour leurs propriétés et/ou dans la fabrication de produits finaux comme certains aciers spéciaux.

Il faut encore y ajouter ce qui fait surtout débat aujourd'hui, c'est-à-dire ce que l'on appelle les métaux rares et parmi eux ce qu'on appelle assez curieusement les « terres rares ». Cette expression fait rêver et prête à beaucoup de fantasmes car ces « terres rares » sont absolument essentielles à toutes les technologies développées pour permettre la transition climatique et en particulier les « énergies vertes ».

Il s'agit, en fait, non pas de terres au sens courant du terme mais bien de métaux. Les Anglo-Saxons prétendent que nous les appellerions bêtement « terres rares » à la suite d'une erreur de traduction. Ces métaux sont en effet désignés en anglais par les mots *rare Earth elements* que l'on aurait dû traduire par « Éléments rares sur Terre » et non pas par « terres rares ». C'est tout à fait faux car c'est le mot *Earth* lui-même qui vient d'une traduction du français « terres » qu'on utilisait pour désigner les minerais à la fin du XVIIIe et au XIXe siècle, époque à laquelle le français était la langue des échanges internationaux.

Laissons de côté cette passionnante querelle sémantique pour nous intéresser au qualificatif de « rares » qu'on utilise pour les désigner. On pensait, lors de leur découverte, que ces « terres » étaient effectivement rares, mais il s'est avéré que ce n'était pas le cas. En effet, les terres rares comprennent les 15 Lanthanides, l'Yttrium et le Scandium. Le Lanthane, et ses cousins proches le Néodyme et le Cerium qui représentent 90 % de la production de terres rares sont en fait aussi fréquents que le cuivre, le plomb ou le zinc que personne n'a jamais qualifiés de « rares ».

Reste encore, pour faire le tour des ressources non renouvelables limitées que l'on utilise de manière industrielle : le tungstène, l'uranium et les minéraux industriels comme la fluorine, l'andalousite, le kaolin ou encore l'oxyde de titane.

Pour le moment, la question de la pénurie n'est pas vraiment pertinente pour tous ces éléments. Plusieurs raisons peuvent même nous laisser espérer qu'elle ne le soit jamais.

La première d'entre elles est que les stocks sont éminemment variables en fonction du besoin que l'on en a, pour paradoxal que cela puisse paraître. C'est en fait la même chose que ce que nous avons déjà évoqué pour les énergies fossiles. Quand une ressource se fait plus rare alors que la demande reste forte ou même s'accroît, son prix augmente, bien évidemment. Lorsque le prix d'une ressource augmente, il devient rentable – et donc possible – de l'exploiter dans des conditions plus difficiles et donc plus chères que par le passé. Pour le moment, puisque nous sommes loin de la pénurie, on n'exploite qu'une partie très superficielle de la Terre et les possibilités qui existent en allant ne serait-ce qu'un peu plus loin dans la couche supérieure de la croûte terrestre sont énormes. Ce qui risque donc de se produire, comme pour les énergies fossiles, n'est pas tant une pénurie à court terme qu'un renchérissement de la production des matières premières non renouvelables.

La deuxième raison, là encore comme pour les énergies fossiles, est que nous n'utilisons pas ces ressources en quantité constante. Bien au contraire, nous utilisons constamment moins de ressources par unité produite. Cela conduit à diminuer le coût de production des produits finis, ce qui tend à compenser l'augmentation des coûts de production des matières premières qui les composent mentionnée ci-dessus.

La troisième – pour le coup, elle ne s'applique pas aux énergies fossiles – est que ces ressources ne disparaissent pas. Elles s'incorporent dans les produits qui les utilisent, soit en se mélangeant de manière plus ou moins complexe comme dans les alliages, soit en étant utilisées directement. En tout état de cause, il est possible de les recycler. Plus leur coût d'extraction deviendra élevé, plus le recyclage sera rentable.

Le recyclage est déjà très efficace pour les métaux de base pour lesquels il est assez largement mis en place, notamment en France. Il en va de même des déchets qui sont produits par les processus de fabrication de divers biens intermédiaires ou finis qui sont recyclés au moment même de la production. Cela étant, l'économie circulaire du recyclage a bien évidemment quelques limites qui se repoussent au fur et à mesure des besoins. Elle est plus difficile lorsque la transformation est complexe, comme pour l'andalousite dans les briques réfractaires, ou lorsque l'usage qui a été fait de certains métaux industriels est très « dispersif » comme pour l'oxyde de titane dans les cosmétiques et les peintures ou pour le sulfate de cuivre dans l'agriculture. Là encore, ces usages disparaîtront et/ou seront remplacés par d'autres techniques dès lors que la rareté et le coût d'extraction le rendront nécessaires.

Reste la « mine urbaine », c'est-à-dire le recyclage des produits (emballages, téléphones portables, électroménager, tablettes…) qui peuvent être retraités en fin de vie, quelques jours ou quelques années après leur production. Dans ce domaine, la perte de matière est de plus en plus maîtrisée et, avec la diminution des besoins de matériaux par produit, la « mine urbaine » devrait permettre de couvrir une large part des besoins qui eux-mêmes s'adapteront à l'offre de ces ressources. Cela se produira pour la bonne et simple raison qu'il n'y a pas de choix alternatifs.

En matière de ressources et de pénuries annoncées, beaucoup de choses qui nous sont péremptoirement présentées comme radicalement impossibles s'avèrent en fait se produire et même se produire assez rapidement lorsque le besoin s'en fait vraiment sentir.

Prenons justement l'illustration toute récente des « terres rares ». Au début des années 2010, la Chine produisait 90 % de ces « terres rares », créant ainsi une dépendance mondiale dont elle tentait de jouer en mettant en place un quasi-embargo sur l'exportation de ces ressources à l'encontre du Japon et dans une mesure un peu moindre, mais quand même, des États-Unis. C'est l'une des origines des tensions majeures entre la Chine et les États-Unis qui ont marqué la présidence Trump. C'est à ce moment qu'en Occident on a commencé à parler plutôt de « métaux stratégiques » que de « terres rares ». La situation était d'autant plus préoccupante qu'il fallait – paraît-il – près d'un quart de siècle pour mettre en place l'extraction efficace de ces « métaux stratégiques » où que ce soit dans le monde. C'est bien pour cela que les Chinois se sentaient assez forts pour jouer les durs avec leurs clients japonais et américains. Les articles alarmistes ont donc fait florès un peu partout dans le monde du début des années 2010 jusqu'à 2019 compris… et, bien sûr, on a immédiatement attribué cette difficulté géostratégique et commerciale à la « rareté » de ces « terres rares ». Pourtant, la situation avait radicalement évolué bien avant que les articles ne se calment. La Chine ne représente plus aujourd'hui que moins de 58 % de la production mondiale de terres rares. Les États-Unis, conscients du risque qu'ils encouraient, sont devenus le second producteur mondial avec 15,6 % mais ils ne sont pas les seuls à avoir massivement progressé, il y a aussi la Birmanie avec 12,3 % de la production mondiale et l'Australie avec 7 %. Bref, nécessité faisant loi, ce qui devait prendre vingt-cinq ans n'en a pas pris cinq.

Que ce soit donc en termes de pénurie alimentaire, de surpêche, d'eau, d'épuisement des ressources – renouvelables ou non –, rien ne démontre que nous ne soyons ni « trop » ni « trop peu ». Ces concepts font référence à un « nombre idéal » d'habitants de la Terre qui n'est, de fait, jamais défini de manière sérieuse, sinon pour dire qu'il est dépassé pour les raisons dont nous venons de voir qu'elles ne sont en rien avérées.

Plus grave, tous ces appels à la diminution rapide et drastique de la population humaine n'ont pas de sens. La démographie ne se décrète pas. Les mesures antinatalistes prônées par des organismes comme « Démographie responsable » sont aussi parfaitement irréalistes que radicalement inefficaces… elles constituent surtout une atteinte insupportable à la dignité et à la liberté humaine, mais il paraît que cela n'a aucune espèce d'importance, la prétendue « urgence » justifiant sans la moindre difficulté le totalitarisme le plus brutal.

D'autres voies sont également explorées par les écologistes fanatiques qui, par exemple, ne verraient pas forcément d'un mauvais œil un vaste conflit qui fasse enfin baisser le nombre d'individus dans la grouillante fourmilière humaine. C'est ce genre d'attitude radicale qui a conduit à déjouer, aux seuls États-Unis, quelque 13 500 attentats terroristes « écologistes » où le vert n'était en rien la couleur de l'Islam. Le FBI indique fort clairement que le *green terrorism* est la seconde menace à prendre en compte sur leur territoire. Les autres États sont plus discrets mais considèrent eux aussi qu'il y a bien un sujet de préoccupation à ce propos. Prétendre qu'il faudrait une bonne guerre pour réguler la démographie humaine est non seulement une monstruosité morale – ce qui est le plus grave –, mais de toute façon une bêtise. On sait très bien qu'une guerre, même vaste, n'aurait guère d'influence démographique sur le long et même sur le moyen terme, surtout avec un prévisible effet de rebond de type « baby-boom » comme cela s'est produit après la Seconde Guerre mondiale… Quant au bilan écologique d'une telle guerre, n'en parlons pas. On pourrait aussi imaginer une vraie guerre d'extinction, une vitrification nucléaire globale qui, elle, serait en effet efficace pour diminuer le nombre d'humains sur Terre… C'est vraiment cela, la solution pour sauver la planète ?

Donc, le mouvement est lancé : nous sommes 8 milliards, nous en serons 10 à l'horizon 2050, peut-être 2080, car il semble que la transition démographique vers une décroissance de la fécondité se fasse de plus en plus vite, contrairement aux prévisions premières. Ce n'est pas le fait que vous ne fassiez pas d'enfant aujourd'hui, surtout en Occident où cette transition a déjà eu lieu, qui y changera quoi que ce soit. C'est même en fait, nous le verrons, une très mauvaise idée humaine, sociale et écologique. Ce n'est pas non plus je ne sais quelle politique malthusienne aussi imbécile qu'inefficace qui empêchera cet avenir inéluctable qui n'a, en soi, rien de déprimant. Il n'est pas mauvais en soi que la population humaine atteigne 10 milliards d'habitants et surtout c'est une donnée certaine avec laquelle nous devons réfléchir plutôt que de nous en lamenter stérilement.

Bien, si l'on met les choses « au pire » : 10 milliards en 2050 ou probablement quelques décennies plus tard et, peut-être, 11 milliards en 2100, mais ce sera probablement moins.

Et après ? Cela n'arrête jamais ? 15, 20, 100 milliards ? Pas du tout, j'ai presque envie de dire : malheureusement. Ces 10 – peut être 11 milliards – correspondent, nous le savons, à un pic.

Le taux de croissance annuelle de la population était de 2,1 % par an en 1970, il n'était plus que de 1,7 % en 1985, 1,3 % en 2000, 1 % aujourd'hui et il continue à baisser régulièrement. Illustrons cela par un exemple simple et significatif : il n'y aura pas plus d'enfants de 0 à 15 ans dans le monde dans cent ans qu'aujourd'hui. Ils sont aujourd'hui environ 2 milliards, ce qui représente un quart de la population, ils seront toujours 2 milliards environ dans un siècle alors que nous serons, mettons, 11 milliards (si nous n'étions que 10 milliards à cette époque, ils seraient environ 300 millions de moins). En d'autres termes, même en prenant l'hypothèse haute – peu probable –, dans un siècle ils ne seront plus que 18 % de la population mondiale, ce qui représente une baisse de 40 % de leur nombre relatif.

Bref, nous ne procréons d'évidence pas comme des lapins, c'est déjà le cas et ce sera de plus en plus vrai car nous procréons de moins en moins partout sur la planète. Nous sommes déjà, globalement, à peine au-dessus du taux de fécondité nécessaire pour remplacer la population. Il est certain qu'à relativement court terme nous serons globalement en dessous, c'est déjà le cas à peu près partout dans le monde ailleurs qu'en Afrique.

Nous avons appris à être modestes pour ce qui concerne l'allongement de la durée de la vie, mais on peut raisonnablement estimer qu'il n'est pas infini. S'il l'était, si les humains trouvaient la clef de l'immortalité ou de l'Amortalité, les problèmes qui se poseraient seraient d'une tout autre nature que ceux qui nous intéressent ici[1].

Si on laisse de côté cette hypothèse qui peut sembler assez théorique, il est certain que, après avoir atteint son pic inéluctable aux environs de 10, peut être 11 milliards, la population humaine va décroître. Il est tout aussi certain que l'effet de cette décroissance est que la population du monde va vieillir. C'est déjà le cas. Aux États-Unis, en vingt ans les plus de 65 ans sont passés de 12,31 % en 2001 à 17,4 % en 2021. C'est pire en France où ils sont passés de 16,17 % en 2001 à 21,09 % en 2021 (soit respectivement une hausse de plus de 41 % et de plus de 30 %). Partant de beaucoup plus bas, bien entendu puisque la démographie a de grands effets de « retard » – il faut le temps de vieillir –, la Chine connaît le même mouvement, passant de 6,94 % de plus de 65 ans en 2001 à 12,41 % en 2021, soit une progression de près

1. Voir, du même auteur, *Il était Temps*, aux Éditions Télémaque, 2016.

de 80 % sur la période. En Afrique subsaharienne, on en est encore fort loin avec un taux stable de plus de 65 ans de l'ordre de 3,5 %.

Si nous décidons de ne plus procréer pour des raisons « écologiques », dans nos pays où le taux de fécondité est déjà très loin du simple taux de renouvellement de la population, alors nous allons accroître le problème que devront subir nos enfants et nos petits-enfants (ou, plutôt, ceux des autres, puisque nous aurons décidé de ne pas en faire). Ils auront à supporter le poids grandissant d'une population âgée inactive. Si nous voulons un meilleur avenir pour les générations futures, il faut donc, chez nous, procréer et non s'abstenir. Il est d'ailleurs extrêmement curieux de voir que les personnes qui ne souhaitent pas se reproduire pour des raisons « écologiques » mal comprises sont également opposées à l'accroissement de l'âge de la retraite au point de fomenter les manifestations insurrectionnelles de 2023, ce qui semble, à regarder les chiffres, parfaitement antinomique.

Oui, mais l'idée est plus générale et plus généreuse. Elle est de réduire globalement l'empreinte écologique en réduisant le nombre d'êtres humains. Peu importe la répartition, c'est l'humanité globale qu'il faut considérer, donc le nombre total de naissances qu'il faut réduire, où que cela soit.

Ce n'est pas seulement faux parce que la démographie globale se moque bien de votre décision individuelle, c'est faux en soi. Les personnes qui n'ont pas d'enfant dans les pays développés ont globalement un impact environnemental bien plus fort que celles qui en ont. Elles prennent plus l'avion, elles consomment plus car elles ont plus de moyens et elles épargnent moins pour les études de leurs enfants ou pour leur constituer un patrimoine. L'enfer est pavé de bonnes intentions.

Que se passe-t-il pendant ce temps-là dans les pays les moins riches, c'est-à-dire pour une part en Amérique latine et en Asie mais surtout en Afrique noire ? Eh bien, malgré la diminution du taux de fécondité, la population en âge de travailler, généralement retenue comme les 25-64 ans par convention, continue à croître en valeur absolue comme en proportion de la population. C'est globalement une bonne nouvelle pour ces pays. Ils ont moins de personnes inactives à charge et ont plus de main-d'œuvre disponible. Ils bénéficient de ce que les spécialistes appellent un « bonus démographique », et ce bonus démographique est l'une des clefs majeures du développement. Les experts estiment globalement que ce facteur représente au moins 30 % des raisons qui expliquent le « bond en avant » des pays d'Asie qui ne doit rien à ce fou dangereux de Mao inventeur de l'expression, bien au contraire.

C'est ce bond en avant qui permettra à ces pays de stabiliser puis de voir baisser leur population comme c'est déjà le cas dans les pays développés. Ce n'est pas une vue de l'esprit, c'est ce qui s'est passé absolument partout.

Faisons le pari que les populations aujourd'hui les plus pauvres, c'est-à-dire pour l'essentiel les peuples d'Afrique subsaharienne, suivront, elles aussi, la voie du développement qui apportera à terme la solution à leur accroissement démographique.

Il est vraisemblable que cela soit le cas et c'est en tout état de cause souhaitable. On ne peut pas espérer que certains peuples restent à la traîne avec des conditions de vie beaucoup plus précaires, une existence bien plus difficile et une espérance de vie bien moindre que celle des autres. L'Asie a montré le chemin, l'Amérique latine le prend également, et il est absolument souhaitable que ce soit aussi le cas de l'Afrique noire dans un avenir aussi proche que possible.

C'est bien l'hypothèse que retiennent tous les scenarii retenus par le GIEC dans son 6e rapport de 2022. Ils tablent tous sur un développement des pays les plus pauvres, à des rythmes différents suivant les hypothèses. Plus les plus pauvres se développent, plus l'émission de gaz à effet de serre augmente, au moins dans un premier temps. C'est même le facteur essentiel du risque d'augmentation des émissions de gaz à effet de serre, sachant que les pays déjà développés ont pris des mesures fortes pour réduire significativement leur propre empreinte carbone.

C'est là où il faut bien réfléchir aux choix que nous voulons faire : les conséquences de l'arrêt du développement de ces pays et *a fortiori* de leur régression et la continuation de l'accroissement de la population qui en résulterait nécessairement sont bien plus néfastes, bien plus dangereuses et bien plus injustes que celles que pourrait entraîner le réchauffement climatique, même dans le pire des scenarii. Cela ne veut absolument pas dire qu'il ne faut pas s'inquiéter du réchauffement climatique et moins encore ne pas définir et prendre les mesures qui pourraient en atténuer les effets, bien au contraire. Cela veut simplement dire qu'il ne faut pas juste céder à une panique irraisonnée et prendre des mesures qui seraient pires que le mal qu'elles prétendent combattre. Nous en reparlerons un peu plus loin.

Les catastrophes et la biodiversité

Le réchauffement climatique, pourtant limité à ce stade, est censé être à l'origine d'un accroissement des catastrophes naturelles. S'il n'est, en règle générale, pas possible de déterminer qu'une catastrophe individuelle est directement liée au réchauffement climatique, force est de constater que le nombre d'événements extrêmes a bondi au cours des dernières décennies. On entend souvent dire que le nombre de catastrophes naturelles a doublé. C'est faux. Il a été multiplié par presque 5. On est passé en cinquante ans d'une à deux catastrophes par semaine en moyenne à près d'une catastrophe par jour.

Ces catastrophes sont très différentes les unes des autres. Il s'agit d'abord d'événements ponctuels se déroulant sur une période de temps et dans un espace relativement limité comme des inondations, des incendies, des glissements de terrains, des tempêtes et autres typhons, ouragans et cyclones, des tsunamis, des avalanches. Il s'agit ensuite de phénomènes météorologiques qui deviennent extrêmes et finissent par « mériter » le nom de catastrophe parce qu'ils se prolongent dans le temps et peuvent concerner de grandes régions. Il peut ainsi s'agir de températures très basses ou très élevées, de sécheresses ou de fortes pluies lorsque celles-ci s'étendent, par exemple, sur toute une saison.

Peu ou prou, on peut estimer que la moitié des catastrophes naturelles recensées toutes catégories confondues ont une origine météorologique, hydraulique ou climatique. C'était, bien sûr, déjà le cas avant le réchauffement climatique, mais comme les catastrophes naturelles de toute nature ont globalement augmenté, il n'est pas absurde d'en déduire que le réchauffement climatique joue un rôle significatif dans cette multiplication, même s'il ne peut pas en être la seule et unique raison.

Les scientifiques sont, bien entendu, extrêmement concernés par ces questions, et les études se développent de manière impressionnante tant en quantité qu'en qualité. C'est tellement vrai qu'il devient possible de déterminer quels sont les types de catastrophes dont l'activité humaine est un facteur déclenchant, même s'il n'est pas forcément unique – c'est rarement le cas –mais en tout cas significatif et/ou aggravant.

Ce qui est particulièrement intéressant dans beaucoup de ces études, c'est qu'elles se focalisent, entre autres, sur le facteur directement humain et pas seulement sur l'influence du réchauffement climatique en général. C'est leur méthode même qui permet – avec une marge d'incertitude d'environ 20 %, ce qui n'est pas mal – d'isoler le facteur humain : elles comparent des modèles où l'on « force » chacune des variables disponibles, y compris les variables de l'activité humaine seule, pour pouvoir mesurer l'impact spécifique de l'homme sur les phénomènes étudiés.

Il est parfois certain, bien évidemment, que les activités humaines n'ont aucun impact sur certaines catastrophes, comme le tsunami de juillet 1958 en Alaska avec sa vague de 524 mètres de haut ou celui moins élevé mais terriblement meurtrier de 2004. Ces deux événements ont été provoqués par des mouvements tectoniques purement naturels. De même, les variations naturelles du climat dues à des phénomènes comme le réchauffement et le refroidissement périodiques mais irréguliers de l'océan Pacifique indépendamment de toute action humaine entraînent des catastrophes sans lien avec l'influence de l'homme, nous allons y revenir.

Plus généralement, à quelques exceptions près, l'activité humaine n'a pas vraiment d'impact mesurable sur telle ou telle catastrophe naturelle ponctuelle, comme un typhon, ce qui ne signifie pas que cet impact n'existe pas, mais seulement qu'on ne peut pas le mesurer. Il arrive quand même, de temps en temps, qu'on puisse faire un lien au moins partiel. Par exemple, on a pu démontrer que les activités humaines avaient augmenté de l'ordre de 15 % les pluies qui ont accompagné le terrible ouragan « Harvey » qui a frappé le Texas en 2017. Sans l'activité humaine, l'ouragan se serait quand même produit mais il aurait été moins dévastateur.

Cela dit, si un tel lien est toujours partiel et rarement démontré, on soupçonne quand même que les activités humaines augmentent à la fois la probabilité et l'intensité de ces catastrophes.

On dispose de résultats beaucoup plus probants et concrets concernant l'influence humaine – on peut dire : « anthropique », pour faire chic – sur la catégorie des catastrophes naturelles à plus grande échelle et s'étendant sur de longues périodes comme les épisodes climatiques extrêmes. Curieusement, ce ne sont pas tellement les sécheresses ou les pluies torrentielles sur de longues périodes dont il s'agit. Ces sécheresses et ces longues pluies sont généralement le résultat de multiples facteurs complexes. C'est en particulier le cas de la conjonction d'el Niño, de la Niña et d'ENSO. El Niño désigne les phases de réchauffement de l'océan Pacifique et la Niña ses phases de refroidissement. Le phénomène ENSO (El Niño Southern Oscillation), quant à lui, concerne les oscillations de la pression atmosphérique sur le Sud de cet océan, liées à el Niño.

En revanche, on est maintenant certain que la probabilité de survenance de grandes vagues de chaleur (c'est autre chose que les sécheresses qui sont l'absence de pluie ; il peut faire chaud et pleuvoir ou froid et ne pas pleuvoir) est considérablement augmentée par les activités humaines. On a même démontré que la vague de chaleur qui a touché le Japon en 2018 « n'aurait pas pu se produire sans influence humaine » (je cite le rapport de l'OMM). Il en va de même de la canicule qui a sévi sur l'Afrique de l'Est en 2016-2017. De même, si les précipitations extrêmes qui ont frappé l'est de la Chine en 2016 se seraient sans doute, de toute façon, produites du fait du phénomène ENSO, il est démontré par au moins deux études que l'intensité de ce phénomène a été considérablement augmentée du fait de l'activité humaine.

Nous pouvons tirer trois conclusions inquiétantes de tout cela.

La première est que le nombre de catastrophes naturelles va continuer à augmenter avec le réchauffement climatique.

La deuxième est que les activités humaines ont un rôle certain au moins sur les longues canicules et les longues pluies extrêmes.

La troisième est que les dégâts matériels ont plus augmenté encore que le nombre des catastrophes. Ils ont globalement été multipliés par plus de 7 en dollars constants, passant en moyenne de 49 millions de dollars/jour pour la décennie 1970-1980 à 383 millions de dollars/jour pour la décennie 2010-2020. Les choses ne vont absolument pas en s'améliorant sur ce dernier front. L'ONU rapporte que, parmi les dix catastrophes les plus coûteuses de ce dernier demi-siècle, sept se sont produites depuis 2005, dont trois rien qu'en 2017 : les ouragans « Harvey » (qui a causé près de 97 milliards de dollars de dégâts), « Maria » (près de

70 milliards de dollars) et « Irma » (près de 60 milliards de dollars).

La question est de savoir ce que nous pouvons faire face à cela.

On ne pourra probablement pas empêcher que le nombre de catastrophes naturelles continue à croître. Peut-être pourra-t-on en limiter un peu l'ampleur et la probabilité, mais d'une part ce n'est pas certain du tout et d'autre part cela ne peut être qu'une conséquence indirecte des efforts menés pour arriver à la neutralité carbone. L'effet des activités humaines est trop diffus pour pouvoir prendre des mesures spécifiques qui limitent les catastrophes naturelles.

Il n'est guère encourageant de lire ces lignes dans un livre dont l'objectif assumé est de redonner de l'espoir face au « burn-out » climatique généralisé dont nous souffrons tous. Le propos n'est pas pour autant de mentir, de déguiser ou de déformer les faits pour promouvoir une cause. C'est aussi stupide que détestable, nous l'avons vu à plusieurs reprises. Le propos ici est juste de décrire les faits tels qu'ils sont et tels que nous pouvons les comprendre puis d'essayer de voir ce qui peut être fait pour améliorer les choses sans créer par ailleurs des dommages plus grands que ceux que l'on cherche à éviter. C'est cela une démarche d'espoir et de combativité ; le « burn-out », c'est la résignation (ne faisons plus d'enfants) ou la surréaction liée à la peur (dictature écologique et décroissance).

Si l'on ne peut pratiquement rien faire directement pour réduire la multiplication probable des catastrophes naturelles et s'il est très incertain que les mesures prises pour

« décarboner » les activités humaines puissent avoir un effet indirect, il y a quand même place pour un grand espoir.

Sur un siècle, soit depuis les années 1920, la population mondiale a été multipliée par 4,5. Les catastrophes « naturelles » aussi, et même un peu plus. Toutes choses égales par ailleurs, nous devrions donc avoir aujourd'hui 20 fois plus de morts du fait de ces catastrophes – et même bien plus, la population ayant plus fortement augmenté dans les zones les plus à risque que dans les autres.

Eh bien, c'est l'inverse qui s'est produit... et dans des proportions à peine croyables. Le taux de mortalité lié aux catastrophes naturelles a baissé de près de 94 % sur un siècle. De 2017 à 2022, il s'établissait en moyenne à 20 000 par an et la tendance reste vraie, même avec les 50 000 morts du tremblement de terre turquo-syrien de 2023.

La raison de cette énorme baisse de la mortalité moyenne due aux catastrophes naturelles (division du nombre de morts par 20 alors que la population mondiale se multipliait par 4,5) est que, globalement, on a considérablement amélioré les infrastructures et les systèmes d'alerte et de prévention, y compris dans les pays les plus pauvres. Quatre-vingts pays n'ont pas de système d'alerte multicritère de détection qui leur soit propre, mais ils peuvent, peu ou prou, compter sur l'aide de leurs voisins. Il n'en demeure pas moins que des disparités énormes existent. Elles apparaissent de manière flagrante quand on rencontre sur des périodes rapprochées de grandes catastrophes comparables dans des territoires qui ont pris des mesures et d'autres qui ne l'ont pas fait.

Prenons le cas des cyclones géants qui ont toujours été et demeurent très rares. N'empêche, par un curieux hasard de l'histoire, deux de ces montres ont touché des terres densément habitées au XXIe siècle à moins d'une année de distance. En août 2007, le cyclone « Dean » a attaqué le Mexique et Bélize. Il s'agissait d'un cyclone de la classe 5 (« Dévastateur » sur l'échelle de Saffir-Simpson), c'est-à-dire l'un des pires qui existent avec des vents de plus de 250 kilomètres/heure. Eh bien, « Dean » est allé ravager le Yucatan et les îles sans faire une seule victime, bien que ces régions ne soient ni les plus riches ni les moins peuplées de la planète. Les autorités locales et les habitants avaient amélioré leurs infrastructures au cours des années précédentes, au cas où ce genre de catastrophe surviendrait, et s'étaient bien préparés à recevoir le monstre cet été-là. Bien joué. L'année suivante, en mai 2008, le cyclone « Nargis », pourtant moins fort que « Dean » – il n'était « que » de classe 4 (« Très fort ») –, a frappé la Birmanie, faisant plus de 130 000 victimes directes selon les sources birmanes, et probablement significativement plus en réalité.

Cette constatation vaut d'une manière générale et ne peut se faire de manière pertinente que sur de longues périodes de temps. Même si les choses se sont partout améliorées de façon spectaculaire face à la multiplication des catastrophes, il reste vrai que sur le dernier demi-siècle 90 % des décès sont survenus dans des pays pauvres. Les États-Unis et la Chine sont les deux pays au monde les plus touchés en moyenne par les catastrophes naturelles, mais depuis bien longtemps les catastrophes naturelles ne tuent presque personne aux États-Unis, si ce n'est quelques victimes des grands feux de forêts, et la situation est progressivement devenue similaire en Chine. Il en va tout autrement en Afrique, nous y reviendrons.

Au nombre des catastrophes naturelles ou qui concernent la nature, il faut encore nous pencher sur le problème de la biodiversité.

Cela fait maintenant près de cinquante ans que des scientifiques lancent les alertes les plus alarmantes, aujourd'hui largement reprises par les sites officiels des gouvernements, dont le gouvernement français ou l'Office français de la biodiversité.

Ils ont raison, des menaces existent. Il faut savoir les identifier, en prendre la mesure et agir en conséquence.

Ces menaces, globalement, sont au nombre de cinq qui concentrent à elles seules environ 90 % des facteurs de risque.

La première, qui représente à elle seule près du tiers des impacts humains sur la biodiversité, est le changement de destination des sols : déforestation, construction de villes, d'autoroutes et d'autres infrastructures.

La deuxième, qui représente à peu près un quart des impacts humains sur la biodiversité, est l'exploitation d'espèces sauvages animales ou végétales à un taux qui dépasse les possibilités de renouvellement de l'espèce concernée. C'est le cas de la surpêche.

La troisième et la quatrième *ex aequo* avec près de 15 % chacune sont, d'une part, le changement climatique, qui modifie les conditions de vie des espèces sauvages, et, d'autre part, les diverses pollutions de l'eau, des sols et de l'air.

La cinquième, enfin, qui compte pour environ 11 % du total, est la propagation d'espèces exotiques envahissantes.

Ces cinq facteurs, qui sont réels et préoccupants, ont été confirmés par le dernier rapport d'évaluation mondiale de la biodiversité qu'a émis, fin 2019, la Plateforme intergouvernementale scientifique et politique sur la biodiversité et les services écosystémiques (IPBES).

Cet organisme créé en 2012 se veut être le pendant du GIEC en matière de biodiversité, à ceci près que c'est un organisme qui dépend de l'ONU et non un groupement strictement indépendant comme le GIEC, mais nous n'avons aucune raison de suspecter son impartialité, le professionnalisme des quelque 130 scientifiques qui y participent de bonne foi.

Ce qui est plus surprenant, en revanche, c'est la manière plutôt biaisée dont ses conclusions sont reprises par certains organismes officiels, en particulier l'Office français de la biodiversité, mais passons.

Ce qui est vrai et sérieusement argumenté est qu'il existe un problème. L'activité humaine a un impact important sur la biodiversité. Il faut y prêter attention et prendre les mesures qui s'imposent pour éviter l'extinction de beaucoup plus d'espèces en un temps beaucoup plus court que ce que la nature fait elle-même. Essayons juste de remettre le vrai problème de la biodiversité dans son contexte.

Il y a cinquante ans, les scientifiques, au premier rang desquels Paul Ehrlich que nous avons déjà rencontré, nous avaient annoncé qu'à l'horizon 2020 plus de la moitié des espèces référencées sur Terre auraient disparu. On parlait alors de la sixième extinction de masse de l'histoire de la planète. On en parle encore dans les mêmes termes : « Sixième extinction en vue » est le premier sous-titre de la page « La Biodiversité en danger » sur le site internet de l'Office français de la biodiversité. Nous avons recensé à ce jour environ 2 millions d'espèces sur notre planète et nous en recensons environ 15 000 nouvelles tous les ans. Elles n'apparaissent pas ; bien entendu, nous les identifions seulement. On estime donc qu'il existerait probablement de 5 à 15 millions d'espèces différentes sur notre planète. L'éventail est bien large, mais c'est le mieux que nous puissions faire à ce stade.

Selon la prévision d'il y a cinquante ans, toujours reprise à l'identique aujourd'hui y compris par certains sites officiels gouvernementaux, nous aurions donc dû déplorer sur les cinquante dernières années la disparition de 2,5 à 7,5 millions d'espèces dont au moins 1 million d'espèces connues.

Qu'en est-il ?

Depuis soixante-dix ans, l'Union internationale pour la conservation de la Nature regroupe 1 400 États et organisations de toute sorte et quelque 18 000 experts. C'est une autorité unanimement respectée dont le travail et le sérieux sont reconnus par tous. Parmi les nombreuses missions qu'elle assume, elle recense les espèces qui disparaissent de la surface de notre planète. À ce jour et depuis le début du XVIe siècle, c'est-à-dire depuis plus de cinq cents ans, y compris les périodes récentes, elle déplore la disparition d'un total de… 709 espèces. Faites l'expérience. Si vous allez sur les sites d'écologistes extrêmes, soit vous n'avez aucun chiffre sur le nombre d'espèces effectivement disparues, soit vous ne trouverez que des approximations sans source du genre : *« Le rythme des disparitions est 1 000 fois plus important que ce qui résulterait du cycle naturel »*, ce qui n'a absolument aucun sens scientifique.

De nombreuses recherches ont cherché à démontrer la baisse de la biodiversité dans les habitats terrestres et marins en partant de l'*a priori* que cette baisse existait nécessairement et qu'il fallait juste en rapporter la preuve chiffrée pour chacun des habitats locaux étudiés. Force est de constater que des articles publiés par les revues scientifiques « à comité de lecture » qui ont résulté de l'étude systématique de centaines de séries chronologiques de chacun de ces habitats sur plus de cent cinquante ans aboutissent tous à la même conclusion.

Citons les termes exacts de la plus prestigieuse des publications qui en résultent, parue dans la très sérieuse revue américaine Science : « Rien n'indique une tendance négative constante ni même moyenne », car, en effet, toutes les courbes arrivent autour de zéro. Ces études et ces articles ne montrent pas que la biodiversité ait les mêmes composantes tout au long de la période, les espèces présentes peuvent être différentes ou, pour certaines, avoir évolué, mais la diversité locale reste aussi intense que par le passé, contrairement à ce qu'attendaient les chercheurs qui ont la franchise de reconnaître leur étonnement.

Maintenant, même en ayant remis les choses dans leur contexte, il reste vrai qu'une menace existe. Elle a été prise en compte. De nombreuses actions sont menées, elles doivent continuer à l'être et parfois être amplifiées, nous en reparlerons un peu plus loin au chapitre des dangers.

Les clefs de l'espoir

Il y a toujours eu des gens pour dépeindre l'avenir en noir.

C'était déjà le cas à l'époque de Platon ou, plus récemment, au XVIIIe siècle avec le célèbre révérend Malthus – le père du malthusianisme que nous avons déjà croisé. Il faut quand même reconnaître que le mouvement « catastrophiste s'est singulièrement renforcé au cours du dernier demi-siècle et plus particulièrement au cours des dix dernières années.

Nous avons vu que les scientifiques des années 1970, comme Ehrlich, nous prédisaient à la fois un refroidissement extrême, la croissance exponentielle de la population qui ne pouvait entraîner que famines et guerres généralisées, et la disparition de la moitié au moins des espèces vivant sur Terre.

Ils se sont trompés et ils ont eu raison de le faire.

Il est facile de dire aujourd'hui qu'ils se sont trompés, que la température n'a pas perdu 3,5 °C mais en a gagné 1, que le monde n'a jamais connu aussi peu de famines et de guerres, et que la biodiversité n'a pas encore connu l'effondrement annoncé. Il n'empêche que la prédiction centrale s'est bien réalisée. La population mondiale a bien crû de manière exponentielle, même si les conséquences de cet accroissement n'ont pas (pas encore ?) pris les dimensions cataclysmiques qu'ils avaient prophétisées pour les alentours de 2020.

Ils ont eu raison car le rôle de ces pessimistes a été de lancer des alertes. Bon, pour le climat, ils se sont plantés, admettons, mais cela importe peu. Pour le reste, tant mieux si les alertes qu'ils ont lancées ont permis d'obtenir des résultats moins graves que ceux qu'ils avaient prévus, ou au moins y ont contribué.

Ne nous reposons pas sur ces lauriers illusoires. Les progrès indéniables et assez extraordinaires que l'humanité a connus quasiment sur tous les fronts au cours des cinquante dernières années ne garantissent en rien que les catastrophes annoncées n'aient pas seulement été retardées et que d'autres dangers, comme les conséquences du réchauffement climatique, ne nous menacent pas sérieusement.

Les gens qui regardent le verre à moitié vide et qui nous disent qu'il pourrait s'assécher complètement avant de se casser ont un rôle à jouer. Les « pessimistes » ont le mérite de nous faire bouger, de nous montrer les limites, de mettre en avant les risques, voire les dangers. Sans eux, l'optimisme béat risquerait de nous conduire à l'immobilisme. Sans eux, les excès dans tous les domaines ne connaîtraient pas de frein et les prédictions cataclysmiques finiraient par se révéler exactes.

Non seulement il est bien qu'il y ait des pessimistes, des optimistes et surtout des gens qui agissent, mais, bien ou mal, c'est juste inévitable. C'est, fort heureusement, la nature humaine. Il peut arriver, pendant un temps, qu'elle soit mise sous le boisseau par certains totalitarismes. L'équilibre est alors faussé pendant un moment par une dictature idéologique imperméable à la réalité. Dans ce cas, en effet, l'homme peut générer des cataclysmes à peine croyables. Regardez par exemple la grande famine chinoise de la fin des années 1950 et du début des années 1960 qui, avec 60 millions de morts, reste de loin le pire fléau que l'humanité ait jamais connu après la peste noire du XIVe siècle et ses 200 millions de morts… Au moins la peste n'avait-elle pas été orchestrée par l'imbécillité humaine !

La question est donc de savoir si, aujourd'hui, nous ne sommes pas, sans bien nous en rendre compte, sous le joug de l'une de ces dictatures idéologiques si néfastes.

Changeons nos modes de vie, consommons moins, soyons plus économes, privilégions les circuits courts, mangeons bio et surtout moins de viande et de poisson, limitons nos émissions de CO_2. Toutes ces injonctions, qui ne sont pas forcément idiotes, au contraire, finissent au bout du compte par former une morale de contrainte, une sorte de fascisme mou mais qui congèle quand même les optimismes et l'enthousiasme d'innover.

La question est d'autant plus grave que, contrairement aux dictatures du passé, ce totalitarisme rampant, pour la première fois dans l'histoire de l'humanité, s'étend sur le monde entier et gagne constamment du terrain… et c'est là tout le problème de l'ambiguïté de notre attitude personnelle et de la crise de l'espoir que nous traversons.

À quelques exceptions près, on n'aime pas trop pousser la logique jusqu'au bout. On a quand même un peu peur, sans vraiment l'avouer, de perdre une part de notre confort. On n'a pas trop envie de « s'éclairer à la bougie », pour reprendre l'expression consacrée. Alors on tergiverse, on se sent plus ou moins égoïstes, vaguement coupables. On ne veut pas trop voter écolo, on se rabat sur leurs divisions internes (réelles !)

pour se justifier et on exige que les nouvelles forces politiques s'emparent de l'écologie. Cela fait bien longtemps qu'elles ont toutes plus ou moins repeint en vert leurs programmes, qu'elles ont cherché des compromis avec les écologistes politiques et/ou attrapé au filet certaines personnalités écologistes marquantes... mais la différence essentielle est qu'il n'y a que les écologistes purs et durs pour oser parler franchement de décroissance, et c'est sans doute la raison profonde pour laquelle ils ne sont jamais arrivés à percer dans un pays profondément hédoniste comme la France.

La voix de la raison est-elle donc cette voie écologiste de la « décroissance heureuse » et du rejet de la doctrine libérale au profit de la frugalité organisée qui seule peut sauver la planète surexploitée ? Sans aller jusque-là, est-ce au moins la remise en cause de la mondialisation, cheval de bataille commun de la gauche et de la droite extrêmes qui, pour l'instant, ont laminé dans notre pays leurs homologues modérés ?

Quel est l'espoir que nous cherchons, habitants des pays riches que nous sommes ? Peut-il se fonder sur un recentrage vers des valeurs moins marchandes que celles qui nous entourent ? Dans un pays comme la France où les religions sont plus en perte de vitesse qu'ailleurs[1], nous restons souvent sur notre faim. À défaut de spiritualité au sens traditionnel, nous cherchons un sens « laïque » à donner à notre existence ou, à tout le moins, nous essayons de dégager une « éthique » qui puisse nous guider.

C'est extrêmement louable et souhaitable.

Si telle est notre recherche, alors, en effet, la volonté d'être plus en accord avec notre environnement et d'éviter de faire

---

1. Voir, du même auteur, *Il était Temps*, *op. cit.*

des choses qui ont un impact négatif sur « notre planète », pour prendre un vocable à la mode, doit sûrement être un élément important de notre démarche. Il faut juste éviter de retomber dans certaines des erreurs du passé. L'histoire nous apprend que l'on peut faire des choses bien différentes avec une même idée de départ. Le même « message » chrétien, par exemple, a pu donner l'abbé Pierre et l'Inquisition, Mère Teresa et le génocide culturel des Amérindiens du Canada. Il ne s'agit pas de stigmatiser particulièrement les chrétiens comme étant seuls capables du meilleur comme du pire, on aurait pu faire le même parallèle avec l'idéologie marxiste (encore que pour le meilleur...). Cette fois, apprenons les leçons du passé et essayons de réfléchir un peu par nous-mêmes. Ce n'est pas l'intention seulement qu'il faut considérer. « Être en harmonie avec la planète », « Aimez-vous les uns les autres » : formidable... mais au-delà des slogans c'est ce que nous en faisons concrètement qui compte.

Quelle est donc *concrètement* cette « éthique » que nous devons nous efforcer de déterminer par nous-mêmes plutôt que de nous servir sans réfléchir au supermarché des idées toutes faites ?

Le tri sélectif ou le refus d'utiliser des poisons pour tuer les mauvaises herbes dans nos allées, c'est sans doute très bien mais c'est un peu court pour définir une éthique, un espoir pour l'avenir. Essayons de voir un peu plus grand.

Deux idées-forces doivent nous guider : améliorer le présent et ne pas hypothéquer l'avenir. Ces deux idées essentielles ne sont pas antinomiques, elles sont complémentaires.

Améliorer le présent et ne pas hypothéquer l'avenir, c'est d'abord et avant tout nous préoccuper des plus faibles et des plus pauvres.

À ces deux idées-forces, ajoutons un élément de méthode, pour éviter de nous laisser de nouveau abuser. Il faut confronter notre espoir, notre éthique, à la réalité. Il ne faut pas s'appuyer sur les *a priori* d'une doctrine toute faite, d'un fantasme idéologique qui ne tiendrait pas compte des faits. On a bien vu ce à quoi cela conduit… toujours ! À quelques exceptions près, comme les Duvalier père et fils en Haïti ou Bokassa en Centrafrique, les pires dictateurs sont fermement convaincus qu'ils agissent pour le plus grand bien de tous. Ils pensent sincèrement que leur idéologie raciste et/ou totalitaire et/ou réactionnaire et/ou autre chose est juste et bonne. C'était sûrement le cas de fous furieux comme Hitler, Staline, Pol Pot ou Mao (bon, pour Staline, ce n'est même pas sûr) et à une moindre échelle pour Franco, Castro ou Pinochet.

Pour arriver à dégager cette éthique, ces espoirs, il faut d'abord nous attaquer à l'un des plus puissants dogmes idéologiques qui nous menace : l'argent.

L'argent diabolique

Il n'y a pas que Dieu à être sacré. Le diable l'est aussi, en négatif… et dans le monde moderne l'une des faces les plus communes du diable, c'est l'argent. Pourtant l'argent n'est ni bon ni mauvais en lui-même. C'est même une invention assez géniale et c'est l'un des plus efficaces vecteurs de paix, de liberté et de progrès que l'humanité ait jamais connu.

Provocation ? Pas du tout.

Deux visions de l'argent s'opposent qui toutes deux partent de la *Politique* d'Aristote.

De la Torah à Marx en passant par le catholicisme, Spinoza et Rousseau – entre autres –, le courant de défiance voire de haine de l'argent est aujourd'hui une caractéristique forte à la fois des pays musulmans et des pays catholiques et de la France tout particulièrement. Nos cousins protestants considèrent plutôt que la réussite matérielle est un but honorable et que l'argent est généralement la récompense d'une vie utile à la communauté. Les Asiatiques non musulmans, au premier rang desquels les Chinois prétendument communistes, ont aussi une vision plutôt positive de l'argent ; quant à l'immense pays des loups mafieux, la Russie, la condamnation de l'argent n'y est manifestement pas une priorité... Bref, notre défiance naturelle face à l'argent n'est pas unanimement partagée.

L'idée qui sous-tend ce qui penchent vers la condamnation est assez simple.

Les puissances d'argent nées du capitalisme à tout-va et renforcées à l'extrême par la mondialisation qu'elles nous imposent contrôlent aujourd'hui une toile d'araignée universelle qui capte partout – et dans l'ombre – la réalité du pouvoir au profit d'un tout petit nombre. Ces quelques riches pressurent les pays les plus pauvres, détruisent les emplois dans les économies développées pour les remplacer par des enfants exploités du tiers-monde et abrutissent le consommateur par la pub pour le forcer à acheter des produits néfastes aux grands équilibres de la planète. La dématérialisation de l'argent leur permet tous les excès. La preuve en est que, en 2019, les 26 plus gros milliardaires du monde recensés par le magazine Forbes *détenaient autant d'argent à eux seuls que les 3 milliards et demi de personnes les moins riches de la planète, près de la moitié de l'humanité.*

Les puissances de l'argent abusent éhontément du pouvoir qu'elles confisquent, car leur seule, leur unique motivation est de générer du profit, pas seulement le profit raisonnable qu'un entrepreneur peut légitimement attendre de la richesse qu'il crée, non, le profit abstrait, le profit pour lui-même et pour le pouvoir qu'il achète et même le profit pour rien, par un mouvement qui se perpétue par lui-même, sans logique, mettant tout un chacun en danger, y compris les accapareurs eux-mêmes dans leur aveuglement. Les politiques, pieds et poings liés devant la toute-puissance du dieu Dollar, ne peuvent que calmer le bas peuple par quelques mesurettes démagogiques totalement hors de proportion de l'immense danger que fait peser sur tous l'absurde cupidité de certains. L'argent ne peut pas respecter les valeurs car il ne connaît que les prix. Les plus modernes de nos penseurs nous préviennent avec clarté : « Devenus tour à tour marchands et marchandises, nous ne demandons plus ce que sont les choses, mais combien elles coûtent. »

Cette condamnation de l'argent dans un monde qui viendrait tout juste de se « marchandiser » n'est pas vraiment neuve. La jolie citation qui clôt le paragraphe précédent est de Sénèque. Elle a bientôt 2000 ans !

À bien y regarder, le pouvoir de la finance est un fantasme. Bien sûr, l'accaparement de richesses immenses entre les mains de très peu est une inquiétude ; bien sûr, la recherche du profit au mépris de l'humain et de la nature doit être régulée, mais on se trompe de cible en prenant l'argent comme bouc émissaire. L'erreur provient de l'article défini singulier. Il n'y a pas LE pouvoir de la finance ou de l'argent, il y a DES pouvoirs de l'argent, diffus et antagonistes qui exercent des pressions plus ou moins volontaires mais qui ne se coordonnent pas au sein d'une immense « franc-maçonnerie » ou dans les mains de la « juiverie internationale », pour reprendre les délires de la première moitié du XXe siècle, dont on a pu mesurer les dégâts.

Les fonds de pension américains ont une logique de rentabilité à court terme pour payer les retraites de leurs adhérents. Bernard Arnault veut étendre sa patte sur le monde du luxe partout sur la planète, Bill Gates gère comme des entreprises ses œuvres humanitaires, Elon Musk veut que l'homme puisse s'installer sur Mars, Google recherche les clés de l'i/amortalité humaine… On pourrait continuer indéfiniment. L'internationale de la finance est une chimère. Les détenteurs du pouvoir de l'argent agissent, bien sûr ; ils ont souvent des réflexes similaires mais ils se heurtent entre eux et s'opposent à bien d'autres pouvoirs – sociaux, culturels, journalistiques, syndicalistes, politiques, environnementaux, technologiques, religieux, militaires, et j'en passe. Quand Poutine attaque l'Ukraine, cela n'a pas grand-chose à voir avec le pouvoir prétendument absolu de l'argent diabolique.

Essayons de raisonner en dehors de la boite étriquée de nos *a priori.*

Liberté

Bien sûr, l'argent peut être utilisé – et l'est effectivement – comme un élément d'asservissement… mais ce n'est pas l'argent qui crée l'asservissement. Le plus fort, à l'âge des cavernes, n'avait pas d'argent. Il asservissait pourtant les autres. Les esclaves qui bâtissaient le tombeau du pharaon n'étaient pas asservis par l'argent, pas plus que les serfs du Moyen Âge ou les déportés des camps nazis. Les enfants qui poussent les wagonnets au fond des mines en Amérique latine ou qui fabriquent en Asie les jouets qui amuseront les enfants occidentaux, eux, sont asservis par l'argent comme l'étaient les ouvriers de Zola. Si l'argent est bien évidemment l'un des biais qui permettent l'asservissement, il n'est ni le seul ni le premier. Si j'utilise un maillet pour sculpter une œuvre d'art ou pour en fracasser une autre, ce n'est pas au maillet d'être ni encensé ni condamné.

En France, en Europe, en Inde, en Chine, dans bien des cultures, la liberté de tous était – et est encore parfois – aliénée par l'ordre immuable des familles. On était noble ou manant, on appartenait à la corporation des tanneurs ou des charpentiers, à la caste des brahmanes ou à celle des intouchables, et il n'était pas question d'en sortir. La société était figée, sclérosée. Elle était par essence inégalitaire car elle était fondée sur le plus injuste et irrémédiable des hasards : la naissance.

Bien évidemment, les inégalités de naissance ne peuvent pas disparaître. Intelligence, beauté, caractère, talent ne sont pas uniformément répartis. L'éducation vient creuser ces écarts, gommer des qualités, offrir aux mieux-nés plus d'opportunités qu'au commun des mortels. Les familles reproduisent – plus ou moins – leurs schémas sociaux de génération en génération mais il y a moyen d'en sortir, des enfants se rebellent dans un sens ou dans l'autre, des familles se déclassent, d'autres profitent du fameux ascenseur social.

C'est la Révolution française qui marque la victoire du monde de l'argent contre celui de la naissance. Aucun doute n'est possible. La Déclaration des Droits de l'Homme de 1789, unanimement encensée et considérée comme le fondement même du droit naturel et universel dont chaque individu sur cette Terre devrait pouvoir bénéficier, est un manifeste de l'argent. Elle reconnaît et justifie les distinctions sociales dès lors qu'elles ne s'acquièrent pas au berceau, elle prône l'égalité de droits et non l'égalité sociale, elle considère que la propriété est le second des droits inviolables de la personne juste après la liberté, mais avant la sûreté et la résistance à l'oppression. Elle se méfie de l'État et recommande la stricte surveillance de l'impôt.

Paix

Il existe deux moyens d'assurer la paix : la raison et l'argent. L'histoire nous montre que la raison n'est pas toujours le fort des hommes. L'argent – l'économie, si l'on préfère, le mot est moins provocateur –, en revanche, suppose des échanges, et les échanges ont besoin de deux choses essentielles : de la stabilité et des clients.

La guerre permet à certains de s'enrichir mais globalement, en termes économiques, elle ne devient un moteur que lorsqu'elle s'arrête et qu'il faut reconstruire. La récupération par le complexe « militaro-industriel » d'une partie du gouffre financier des guerres d'Irak, d'Afghanistan et de Syrie est réelle, mais il est loin de compenser leur coût astronomique pour l'Occident en général et les États-Unis en particulier, États-Unis qui ne se sont pas assuré pour autant une hégémonie pétrolière par ce biais.

En revanche, il est clair qu'un conflit comme l'invasion de l'Ukraine par la Russie est un facteur fort de déstabilisation économique. Bref, si certains pouvoirs d'argent peuvent dans une certaine mesure s'accommoder de la guerre, l'économie, qui est le nom présentable de l'argent, préfère la stabilité de la paix qui permet d'assurer le développement des échanges.

L'économie a besoin de fournisseurs, de débouchés, d'acheteurs. Il lui faut donc des populations ayant un niveau de vie suffisant et qui vivent en paix avec leurs fournisseurs et leurs clients. Cette idée de l'économie pacificatrice n'est pas née sous la plume de Bill Gates. Elle est apparue au siècle des Lumières. « Il est heureux pour les hommes d'être dans une situation où, pendant que leurs passions leur inspirent la pensée d'être méchants, ils ont pourtant intérêt de ne pas l'être », écrivait Montesquieu… Clausewitz disait que la guerre se substitue à la politique. On pourrait dire que l'économie se substitue de plus en plus à la guerre, malgré quelques retours en arrière qui sont plutôt des résurgences du passé. Les grands desseins idéologiques qui se proposent de modifier l'humanité pour son « bien » peuvent conduire aux sanglantes dictatures communistes ou au massacre systématique des Juifs. En politique, la fin justifie les moyens et les fins extrêmes justifient les moyens extrêmes. L'économie, elle, n'est pas idéologue, elle préfère avoir des clients que des ennemis, elle ne supprime pas la brutalité humaine, elle la désincarne et, quoi qu'on en dise, c'est un progrès.

Progrès

L'économie nous permet de commercer et d'échanger des savoir-faire et des compétences. Sans cet outil, nous serions bien plus pauvres, et pas seulement au sens financier. Tout le monde ne peut pas aller à la pêche ou tanner le cuir. L'économie permet de répartir les tâches car elle a le pouvoir de donner un référentiel commun aux activités humaines : leur prix. Sans le « prix », les échanges sont limités à la sphère du troc.

La mondialisation, contrairement à ce que l'on entend un peu partout, a pour effet d'exporter peu à peu le progrès matériel. Jamais le monde n'a connu aussi peu de guerres et jamais le monde n'a connu aussi peu de famines non plus. Partout l'espérance de vie explose, la mortalité infantile diminue, l'hygiène s'améliore… PARTOUT, y compris dans les pays les plus pauvres du monde, en Afrique subsaharienne ou en Haïti, par exemple.

C'est un effet de la mondialisation et c'est plutôt une bonne définition du progrès.

La mondialisation, que l'argent électronique et dématérialisé rend possible, est sans doute excessive. Elle doit bien évidemment être régulée. Les libéraux forcenés sont des idéologues aussi dangereux que les autres – fascistes, communistes, nazis, fondamentalistes religieux. La mondialisation pose de vrais problèmes environnementaux, des problèmes de gouvernance mondiale, elle génère des exaspérations.

Il faut pourtant dire les choses comme elles sont : la mondialisation permet, seule, le développement économique, et le développement économique est la clé, la seule clé, qui permet de meilleures conditions de vie, en particulier pour les plus pauvres. Le développement, c'est la multiplication des échanges et, avec eux, du partage… L'échange économique n'est pas désintéressé. C'est sa force. Le don et la générosité sont admirables, ils ne peuvent pas être suffisants. On ne fabrique pas un monde sur des Mère Teresa. Elles ont toujours existé mais elles sont trop rares. Elles sont exceptionnelles et ne peuvent donc gérer que l'exception.

Il faut arrêter avec notre vieux complexe judéo-chrétien. L'argent n'est ni sale ni scandaleux. Seule la manière de l'acquérir ou de l'utiliser peut l'être. En soi, l'argent et l'économie sont plus qu'utiles, ils sont nécessaires.

L'économie, c'est l'échange, et l'échange est le seul moyen qui permette à chacun d'avoir sa part. Nous ne sommes pas là dans la sphère du bonheur ou de la vie spirituelle. L'aide aux plus démunis qui sont nos égaux est une nécessité, que nous couvrons bien mal et que nous n'arrêtons pas d'améliorer, mais cela ne peut pas être un mode de gestion de la société. Si les fortunes immenses qui se comptent en dizaines de milliards posent question à cause de la concentration de pouvoir qu'elles représentent, nous en reparlerons dans un autre ouvrage, les « petits » riches productifs sont une force. Le problème, ce ne sont pas les riches, ce sont les pauvres. Il est absurde de collectiviser les moyens de production ou de niveler les revenus. Ce n'est pas une opinion, c'est un fait. Tous les systèmes qui s'y sont essayés – et Dieu sait qu'il y en a eu – se sont plantés. Ils découragent l'entrepreneuriat qui est le poumon du partage.

Il n'est pas vrai que l'impôt répartisse plus justement les richesses que ne le fait l'économie. Ce n'est pas le rôle de l'État. Entendons-nous : il ne s'agit pas d'ultralibéralisme. Le rôle de l'État est essentiel, il doit être le *régulateur*. La difficulté est la coexistence de nombreux États ayant chacun son pouvoir propre et ne pouvant pas être contraints face à des problématiques mondiales. Face à ces problématiques, il n'y a pas l'État, il y a DES États qui rendent ce rôle régulateur plus complexe, mais on progresse sur ce front, nous y reviendrons.

En revanche, lorsque l'État va au-delà de sa mission qui est de réguler mais non de contraindre les flux économiques et moins encore d'accaparer leur gestion, ce qu'il ne fait jamais bien, il ne fait qu'appauvrir tout le monde. Il faut un impôt pour financer les infrastructures communes, notre sécurité, pour pourvoir aux besoins de ceux qui ne peuvent pas assumer leur bien-être, pour organiser une médecine efficace pour tous… L'impôt doit servir à tout cela mais l'impôt ne doit être que marginalement un outil de redistribution car la redistribution sans échange nous appauvrit tous.

La redistribution sans échange doit, bien sûr, exister pour faire face, bien mieux que nous ne le faisons, aux situations de détresse et d'urgence, aux besoins des exclus de l'échange – handicapés, cabossés de la vie, personnes âgées… –, bien sûr, et bien mieux qu'aujourd'hui sur le fond et dans la forme ; mais le reste, l'immensité du reste, doit se faire sous la forme de l'échange, de la production de richesse pour tous et par tous.

Personne ne devrait être chômeur indemnisé, si ce n'est entre deux jobs. Il vaut infiniment mieux dépenser la même somme à remettre quelqu'un dans le circuit productif que de l'indemniser sans échange. Facile à dire sans doute… mais aussi possible à faire, à condition de changer un peu notre logiciel. Les États-Unis, que l'on fustige souvent comme ultra-libéraux, l'ont fait au moment du New Deal pour résorber l'immense chômage de la crise de 1929. Ils ont recommencé avec le plan Marshall qui a permis aux pays occidentaux de surmonter les conséquences de la Seconde Guerre mondiale bien mieux que celles de la Première.

Il ne s'agit pas de prôner le culte du « y'a qu'à faut qu'on » mais de proposer des pistes de solutions qui ont trop tendance à être bouchées par excès d'idéologie, deux mots qui vont parfaitement ensemble. Si nous devons violer les critères de Maastricht, si on est capable de le faire dans des proportions immenses dès que survient une crise sanitaire, peut-être peut-on se pencher sur la création de chantiers importants, liés notamment au réchauffement climatique, en y injectant l'argent de l'indemnisation des chômeurs qui y seront employés… surtout dans le contexte de la crise « autoréalisatrice » du post-Covid.

Un monde où, comme en France, il y a des centaines de milliers de chômeurs et des centaines de milliers de postes vacants est un monde où l'État ne remplit pas son rôle régulateur, même si les choses sur ce front ont tendance à s'améliorer ces toutes dernières années.

Récapitulons.

L'argent n'est ni « mauvais » ni « bon ». Il est à l'origine de bien des excès, mais ces excès proviennent de la nature humaine plutôt que de l'argent qui n'est qu'un outil. Si LES pouvoirs de l'argent existent à l'évidence, LE pouvoir de l'argent est une illusion. Un bouc émissaire commode. L'économie est le vecteur de l'échange et, comme tel, elle est un facteur essentiel de paix, de liberté et de progrès. L'économie donne un prix à toutes choses, mais certaines choses ont une valeur qui dépasse leur prix. L'argent ne salit ni n'avilit rien, ce sont les hommes qui s'avilissent parfois en acceptant un échange qui n'est pas légitime. L'artiste a besoin d'argent, le faible et le malade aussi ; nous tous. Nos valeurs qui n'ont pas de prix doivent nous conduire à partager avec le plus faible qui est notre égal, sans le moindre souci de charité, qui est un déséquilibre où le prétendu fort condescend à tendre une main un peu méprisante au prétendu faible. Il faut que les pauvres le soient le moins possible et que tout le monde puisse accéder à un niveau de vie décent, cette notion évoluant grandement avec l'évolution de la société. Avoir de quoi manger, assurer sa santé, se vêtir, se loger, bénéficier d'un travail, avoir accès aux loisirs, à la culture, à la beauté.

Ce n'est pas l'essentiel mais c'est premier. L'essentiel est de trouver un espace de bonheur pendant ce temps étrange et limité qu'est notre vie. Le bonheur dépasse la seule satisfaction des besoins matériels mais il s'appuie dessus. Difficile d'être heureux au cœur de la famine. Le but vers lequel nous devons tendre est que l'économie soit suffisamment forte partout pour que chacun puisse enfin considérer l'argent comme secondaire, ce qui n'est sa vraie place que lorsque l'on en a suffisamment.

L'aide et l'échange

Le premier réflexe, le réflexe généreux, est celui de la solidarité par l'aide. On se dit qu'il faut donner un peu de notre superflu à ceux qui manquent du nécessaire. C'est un beau et bon réflexe. Il est indispensable pour soutenir ceux qui en ont besoin dans les situations d'urgence où l'aide s'impose. En revanche, il n'est pas certain que ce soit le moyen d'éradiquer la pauvreté endémique. C'est peut-être même le contraire. Il s'agit de mesurer l'efficacité respective de l'aide gratuite et de l'échange pour permettre aux populations de sortir de la pauvreté. Entendons-nous, il ne s'agit pas de leur donner tout de suite accès au dernier gadget de chez Apple et à toutes les futilités dont nous disposons avec plaisir, il s'agit juste que ces gens puissent sortir de l'insécurité alimentaire de manière pérenne, d'avoir un accès simple et abondant à l'eau, à un assainissement, à l'électricité, à un enseignement de base pour tous et surtout toutes… Pour les populations dont on parle, le risque de surconsommation est très lointain.

Si l'aide est non seulement souhaitable mais même naturellement indispensable, elle n'est pas suffisante pour permettre sur le moyen et long terme aux populations les plus pauvres de l'être moins. Elle n'est pas suffisante parce que, par sa nature même, elle NE PEUT PAS l'être quels que soient les moyens que l'on y met.

Pour illustrer ce fait, penchons-nous sur l'aide internationale des pays riches vers les moins favorisés et sur la répartition de l'aide aux différentes catégories de population au sein de ces derniers.

Si quelqu'un a vraiment compris quelque chose à ce qu'il faut faire pour permettre aux gens de quitter la pauvreté, c'est bien le prix Nobel de la paix Borlaug. Nous l'avons déjà croisé, vous vous souvenez, c'est lui qui a sélectionné les semences, qui a mis fin au conflit entre les Indiens et les Pakistanais et qui, au bout du compte, a permis de faire en sorte que 8 milliards d'individus aujourd'hui soient mieux nourris que 2 milliards il y a cinquante ans en n'augmentant que de 12 % les surfaces agricoles. Cela mérite que l'on écoute ce qu'il a à nous dire !

Eh bien, Borlaug a passé son temps – entre autres – à expliquer aux gouvernements de pays qui connaissaient des famines endémiques qu'il ne fallait pas se borner à « aider » les fractions les plus fragiles de leur population. Regardons-y d'un peu plus près. Borlaug, auréolé de la gloire qu'il avait si justement acquise, a peu à peu réussi à les convaincre qu'il était terriblement dangereux d'imposer une politique de prix agricole bas pour permettre aux populations urbaines de pouvoir se nourrir avec les moyens très limités dont elles disposent. Pourtant, en première analyse, il semble logique de parer au plus pressé et de faire en sorte que les populations puissent se nourrir. C'est pour cela que cette politique de prix bas imposés était extrêmement répandue dans les pays en développement… jusqu'à ce que Borlaug et quelques autres démontrent l'évidence, c'est-à-dire qu'une telle politique non seulement ne permet pas aux populations de sortir de la malnutrition chronique mais même l'entretient et la développe.

Borlaug, lui, recommandait au contraire de se rapprocher le plus possible des prix des marchés mondiaux.

Salaud de capitaliste qui laisse crever de faim les pauvres gens des bidonvilles africains ! Avait-il quelque chose à vendre ? Pas du tout. Cherchait-il à affamer les populations urbaines ? C'est bien évidemment l'inverse. Il a passé sa vie à chercher et surtout à trouver le moyen de nourrir les plus pauvres et a reçu le prix Nobel pour cela.

Pourquoi, alors, s'opposer à une politique de prix bas qui semble indispensable pour aider ceux qui meurent de faim dans les bidonvilles ?

Tout simplement parce que, en aidant l'acheteur, on affaiblit le vendeur. En aidant les populations urbaines consommatrices, on affaiblit les populations rurales productrices. Résultat : l'agriculture ne nourrit pas l'agriculteur qui n'a pas d'autre choix que d'aller rejoindre en ville l'armée des affamés. Moins de production, plus de demande… c'est un cercle infernal qui conduit immanquablement à des épisodes de famine dès qu'une période de tension se produit.

Il en va de même de l'aide internationale. Si l'on distribue gratuitement des denrées alimentaires, alors on tue l'agriculture locale et on interdit tout moyen de sortir de la spirale de la faim.

Cela ne veut pas dire qu'il faut systématiquement vendre l'aide alimentaire aux populations. Cela veut juste dire qu'il faut faire extrêmement attention à ne pas briser les équilibres fondamentaux qui sont nécessaires à toute solution pérenne. S'il y a une sécheresse, un typhon, des pluies diluviennes qui détruisent les productions agricoles, alors, bien sûr, il faut enrayer la famine dans l'urgence et il n'est pas envisageable de le faire sans distribuer des aliments gratuitement... De toute façon, si les agriculteurs locaux n'ont plus rien à vendre, le problème ne se pose pas. Mais il ne s'agit nécessairement – et fort heureusement – que de périodes transitoires. Tant qu'il existe au moins un embryon d'agriculture locale – c'est toujours le cas et, quand il est détruit, il faut le reconstruire –, il faut accompagner les agriculteurs locaux, même et surtout aux moments de crises aiguës, en continuant à acheter les quelques produits qui leur restent à un prix décent pour que le retour d'un équilibre de l'offre et de la demande puisse se faire.

Ce sont des équilibres extrêmement délicats. Il ne faut ni laisser perdurer les famines ou la malnutrition, bien évidemment, ni détruire les agricultures locales tout aussi évidemment. Ce qui vaut pour l'agriculture vaut naturellement pour l'ensemble des biens et services dès lors que ceux-ci peuvent être produits localement.

Des pays comme le Pérou ont pu en grande partie sortir de la spirale de la faim en acceptant de mettre en œuvre ces principes mais aussi en réformant le régime de la propriété pour permettre aux petits agriculteurs d'acquérir les terres qu'ils travaillent.

Vision bourgeoise des choses, il vaut beaucoup mieux mettre les terres en commun...

Eh bien, chaque fois qu'on a fait l'expérience de la collectivisation des terres – et Dieu sait que cela a été fait sur des territoires immenses et pendant des décennies –, cela a été un fiasco. Cela a notamment permis de détourner l'agriculteur de son travail pour faire « autre chose », quitte à crever de faim ou à détourner les produits de l'agriculture en organisant la famine des populations locales de grands pays agricoles. Regardez les grandes famines en Ukraine, pourtant grenier de l'Europe sous Staline, ou, pis, les grandes famines chinoises dans les années 1960-1970. Nous avons vu que les grandes famines chinoises sont la seconde plus grande catastrophe de l'histoire de l'humanité en termes de pertes de vies humaines, largement devant toutes les guerres et toutes les épidémies, sauf la grande peste noire.

Pourquoi, alors, faut-il permettre aux paysans d'être propriétaires de la terre qu'ils travaillent plutôt que soit collectiviser les terres soit laisser d'immenses domaines – les *latifundia* – entre les mains d'une minuscule aristocratie ?

La propriété de leur lopin permet aux paysans d'obtenir des crédits bancaires qui leur permettent d'investir, d'améliorer les rendements, de produire plus, la faim décroît, ils s'enrichissent, ils peuvent continuer à investir etc. La collectivisation rompt totalement avec cette logique et avec la motivation et le dynamisme individuel ; quant aux grands domaines, leurs propriétaires, à de rares exceptions près, sont bien trop riches et trop loin de la réalité de la production et des besoins de la population pour faire ce genre d'investissement à grande échelle.

Vision de l'esprit ? Non, les exemples pullulent. Revenons au Pérou. La malnutrition y a reculé de 76 % en trente ans et il y a aujourd'hui 5 millions de Péruviens de moins que par le passé qui meurent de faim… et, bien évidemment, les taux de fécondité s'y sont mis à chuter de quasiment 7 en 1960 à, à peine, plus de 2,2 aujourd'hui. Sans la réforme agraire et le maintien des prix, cela ne se serait pas produit. Encore faut-il que les dirigeants soient capables de mener à bien une telle réforme agraire sans détruire les infrastructures de leur pays comme l'a fait Robert Mugabe. Ce Président à vie, qui se qualifiait lui-même de « Hitler africain », a transformé le Zimbabwe de grenier de l'Afrique de l'Est en l'un des pays les plus pauvres du monde. Il a spolié les agriculteurs rhodésiens pour mettre à leur place, sur leurs domaines divisés, des militaires violents et incapables, et non des agriculteurs compétents.

Prôner l'aide à tout-va sans précaution comme le font encore certains pour des raisons idéologiques d'opposition au « profit » est juste criminel ! Il ne faut pas pour autant tomber dans l'excès inverse du travers des ultralibéraux qui estiment que toute aide – sauf éventuellement d'extrême urgence – est mauvaise.

Soyons bien clair. L'aide internationale est un impératif moral catégorique, il faut absolument la mettre en œuvre chaque fois qu'elle est nécessaire ou même lorsqu'elle est simplement utile. Il est, à l'évidence, extrêmement utile d'aider les pays et les populations qui doivent faire face à une catastrophe naturelle, d'apporter de la nourriture face aux famines ponctuelles mais aussi récurrentes, de fournir des médicaments pour lutter contre les maladies, etc. Il n'y a que quelques illuminés de l'égoïsme national et du protectionnisme à outrance pour dire le contraire.

Si des aides ponctuelles ou même régulières sont moralement indispensables, qu'en est-il de l'efficacité des aides « structurelles » sur le développement à long terme des pays qui en bénéficient ?

L'aide au développement peut s'avérer efficace comme cela a été le cas pour la reconstruction de l'Europe financée de 1948 à 1952 par le plan Marshall américain qui a représenté un montant d'environ 170 milliards de dollars actuels. En simplifiant, on pourrait dire la même chose du plan Dodge pour le Japon, même si quelques nuances s'imposent. D'aucuns diront que ces aides ont fonctionné car elles ont bénéficié à des pays qui avaient déjà connu leur révolution industrielle et qui n'avaient besoin « que » de se reconstruire. On peut leur opposer que des effets semblables ont été obtenus en Corée (du Sud) alors même que cette ancienne colonie japonaise n'était pas un « ancien » pays développé… Pis, on a complètement oublié aujourd'hui qu'on avait coutume de dire que la culture coréenne était incompatible avec tout effort sérieux et que jamais ces incapables ne pourraient sortir de la misère… Que ceux qui tiennent le même discours sur l'Afrique subsaharienne aujourd'hui s'en souviennent.

Fort de ce type d'expérience, l'aide internationale a connu une croissance exponentielle, n'en déplaise à ceux qui prétendent que l'Occident s'enferme dans son égoïsme. Le monde a investi au cours des vingt dernières années environ 2 000 milliards de dollars (calculés en dollars constants) en aides internationales diverses. Cela représente 12 fois l'équivalent du plan Marshall ou, pour vous donner un ordre de grandeur plus actuel, les deux tiers du PIB de la France. C'est absolument colossal. Près de la moitié de ce montant va aux pays d'Afrique subsaharienne et, pourtant, ces pays ne décollent pas, avec des taux de croissance erratiques et une forte récession « Covid » en 2020. Ce phénomène n'est pas récent. Au cours des années 1980, l'aide à l'Afrique saharienne a doublé alors que les taux de croissance passaient de 2 % à près de zéro. Dans le même temps, les économies asiatiques décollaient de manière parfois spectaculaire.

Certains auteurs, comme le très libéral Lord Ridley, soulignent que, si l'aide octroyée à la Zambie, par exemple, avait été utilisée pour financer des investissements ayant un taux de rentabilité raisonnable, le revenu y serait aujourd'hui de 20 000 dollars par personne environ, alors qu'il y est plus de six fois inférieur (environ 3 300 dollars et non 500 comme l'écrit Ridley qui a une vraie tendance à l'exagération). Il est sans doute difficile de vérifier cette assertion, mais on peut donner la parole à une économiste zambienne de premier plan, le docteur Dambisa Felicia Moyo, un peu rapidement citée par Ridley mais nous avons creusé.

Le docteur Moyo a fait un tabac avec son best-seller *L'Aide fatale* où elle écrit, je cite : « L'aide n'est pas la solution, c'est une partie du problème – en fait, l'aide est le problème. » Son argumentation repose pour l'essentiel sur la notion de « syndrome hollandais ». Elle fait référence au déséquilibre économique créé au Pays-Bas dans les années 1950 par la découverte des gisements de gaz naturel de Groningue (on pourrait dire la même chose du pétrole vénézuélien, de l'afflux de l'or et de l'argent volé aux Indiens d'Amérique de Sud à l'époque des conquistadores, etc.).

Selon elle, l'afflux massif de subventions internationales stérilise les économies africaines. Ces aides devraient toutes être stoppées de manière immédiate. Son propos est sans doute excessif – elle l'a d'ailleurs un peu atténué par la suite en proposant un arrêt au bout de dix ans – mais il est intéressant parce qu'il marque bien non seulement les frustrations des élites africaines face à la stagnation économique de leur continent mais aussi l'évidence : même si elle est nécessaire et souhaitable, l'aide ne permet pas à elle seule de faire durablement sortir les pays qui en bénéficient de la pauvreté qui les accable.

Cette insuffisance des aides à résoudre les problèmes, comme l'insuffisance du gaz à faire la richesse des Pays-Bas ou du pétrole à faire celle du Venezuela (et même au contraire, dans ce dernier cas, du fait du chaos des politiques absurdes de Chavez et Maduro), n'est pas due au fait que l'effort consenti pour les pays pauvres ne serait pas suffisant, il est colossal et très supérieur à des efforts qui, dans d'autres contextes, ont porté leurs fruits comme les plans Marshall et Dodge. La solution n'est pas de déverser de plus en plus d'argent. Force est de constater que cela ne marche pas.

Que manque-t-il alors ?

L'aide internationale est nécessaire et souhaitable, répétons-le, mais elle ne peut pas suffire car elle est « gratuite ». Ce qui lui manque, c'est l'*échange*.

De deux choses l'une : l'aide sert soit pour gérer une situation ponctuelle d'urgence, soit pour compenser un problème structurel. Tous les pays peuvent connaître des situations d'urgence qui requièrent une aide internationale et – presque – tous peuvent participer à un moment ou à un autre à les aider. Il arrive aux États-Unis, qui sont l'un des deux champions du monde des catastrophes naturelles avec la Chine, de demander l'aide ponctuelle de leurs voisins. De même, l'aide internationale s'organise quand Haïti est dévastée par un cyclone ou quand une explosion majeure intervient au cœur de Beyrouth. Pas de problème. Ce n'est pas de ce type d'aide dont nous parlons ici.

L'aide « structurelle » ne pose pas non plus vraiment de difficulté en termes d'échange lorsqu'elle répond à un besoin sanitaire. On le voit avec l'aide massive déversée sur l'Afrique pour enrayer le Sida. On n'est pas encore au bout de cette épidémie, mais sans cette aide la situation serait bien plus catastrophique qu'elle ne l'est. On peut aussi mentionner l'enrayement assez exemplaire de l'épidémie Ebola qui, sans les aides massives déployées, aurait pu devenir une catastrophe mondiale majeure comme l'avait prédit l'OMS. Plus généralement, le recul de la mortalité infantile, partout dans le monde, y compris dans les pays de « niveau 1 » – les plus pauvres –, est le signe que l'aide « sans échange » dans le domaine sanitaire fonctionne.

Une remarque à ce propos, sur l'impact de la mondialisation : la mondialisation est presque devenue un gros mot à force d'être dénoncée par les populistes de droite comme de gauche, nous en avons parlé et nous l'aborderons encore. C'est pourtant bien cette mondialisation honnie qui a permis et permet à tous les pays du monde de progresser sur les plans sanitaire et de l'hygiène. Sans mondialisation, pas d'ONG globales, pas d'aide des États, de l'Union européenne et des organismes onusiens, pas de solidarité internationale.

Si l'aide est si efficace sur le plan sanitaire, pourquoi diable ne pas nous en servir pour résoudre tous les problèmes structurels des États les plus pauvres, leur apporter le développement économique dont ils ont si cruellement besoin ?

On essaie, bien sûr. On essaie même à très grande échelle, nous l'avons vu : 2 000 milliards d'aide au développement en vingt ans et des résultats plus que décevants au moins en Afrique. Ce n'est pas parce qu'une poignée d'illuminés qui fantasment le monde au lieu de le regarder, qui glapissent qu'il faut toujours plus de moyens financiers pour aider l'Afrique – tout en maudissant l'argent –, hurlent qu'on ne fait rien que du saupoudrage égoïste que c'est vrai.

Nous parlons d'aide structurelle sur le moyen ou le long terme, voire d'aide permanente. Nous avons déjà vu qu'elle désorganise nécessairement les structures locales, mais allons un peu plus loin pour essayer de mieux comprendre à quoi cela est dû.

C'est essentiellement dû au fait qu'elle n'ait pas de contrepartie.

L'aide internationale fonctionne jusqu'à un certain point dans le domaine de la santé. C'est le cas lorsque les enjeux sanitaires n'ont pas vraiment de solution locale efficace que l'intervention internationale gratuite viendrait détruire. La mise en place d'hôpitaux modernes, par exemple, vient évidemment perturber les médecines traditionnelles, mais cette perturbation est infiniment profitable aux populations locales. Même si les médecines traditionnelles ont des vertus – surtout lorsqu'il n'y a pas d'alternative –, il est parfaitement clair que l'hygiène de base et la médecine moderne sont infiniment plus efficaces que les médecines traditionnelles pour traiter les maux fondamentaux qui déciment les populations les plus pauvres. Prétendre que l'on peut enrayer la malaria ou le paludisme avec le chamanisme ou des décoctions de plantes est une absurdité. D'autres modes de gestion sanitaires peuvent être complémentaires comme la prévention dans la médecine chinoise traditionnelle dont nous devrions mieux nous inspirer en Occident, mais, lorsque les épidémies sont déclarées, rien ne remplace l'allopathie (la médecine moderne médicamenteuse). Tous ceux qui disent le contraire ne savent pas de quoi ils parlent. Si les médecines traditionnelles étaient aussi efficaces que l'allopathie moderne, les grands fléaux sanitaires n'auraient pas pu se développer au point d'impacter massivement l'espérance de vie des populations pendant des millénaires.

Dans les autres domaines que celui de la santé, sans reprendre à notre compte les critiques acerbes des ultralibéraux ou de certains économistes africains excédés, force est de constater que l'aide au développement atteint nécessairement une limite car les structures qu'elles créent sont artificielles et « octroyées ».

L'expérience montre que les structures pérennes sont celles qui proviennent de l'initiative d'entrepreneurs qui prennent des risques, échouent, pour certains, et réussissent, pour d'autres. Dès lors qu'une structure est financée par des tiers et que ses dirigeants sont nommés en fonction de leurs diplômes ou autres – ce qui peut vouloir dire bien des choses en Afrique –, alors la pérennité n'est pas au rendez-vous. Plus il s'agit de structures modestes et adaptées à leur marché, de petites entreprises qui créent un maillage local sur lequel s'appuie l'économie réelle, et plus cela fonctionne dès lors que les populations sont elles-mêmes à l'initiative de la démarche entrepreneuriale.

Le véritable besoin n'est pas nécessairement de fabriquer des aéroports grandioses, quelques kilomètres d'autoroute de prestige ou même la plus grande basilique du monde comme à Yamoussoukro, mais de favoriser un terreau sur lequel l'entreprise indigène surtout petite et moyenne peut se développer.

Il faut donc créer les conditions d'un échange local. La scierie fournit en bois le charpentier dont le camion est entretenu par le mécanicien qui fait construire sa maison, etc. L'échange local crée un cercle vertueux, un écosystème qui s'auto-entretient. L'aide sans contrepartie stérilise ce type d'initiatives (« je ne peux pas vendre ce que d'autres donnent » ou encore « pourquoi prendre des risques et travailler si on me donne ce dont j'ai besoin »). L'aide qui est nécessaire pour gérer les crises aiguës souffre d'un irrémédiable défaut. Elle cesse de produire ses effets une fois qu'elle s'arrête.

L'illusion de la décroissance

*Les hommes sont devenus fous. Ils se sont multipliés au-delà du raisonnable : 8 et bientôt 10 milliards d'êtres humains, c'est de la folie pure. Le pire dans cette histoire, c'est que, face à cette croissance démente, l'homme, l'*Homo Rapiens *du professeur Grey, continue à piller sans le moindre respect les ressources limitées de notre petite planète. C'est aussi imbécile que suicidaire.*

En admettant même que ce triplement de l'humanité en quelques décennies soit le résultat du mieux-être des hommes, cela ne change rien au fait que la situation devient chaque jour plus critique. Peu importent les bonnes ou mauvaises raisons de cette explosion démographique. Ce qu'il faut, c'est la gérer au mieux pour le bien-être non seulement des hommes, mais encore de la planète entière maintenant et pour les siècles à venir.

On nous a expliqué qu'on ne pouvait rien faire pour revenir en arrière, qu'il n'y a aucun plan raisonnable qui nous ramène à moins de 3 milliards d'êtres humains dans un avenir proche. Il faudrait, pour cela, soit sombrer dans la folie d'une apocalypse nucléaire, soit qu'un cataclysme naturel gigantesque ravage notre planète, un cataclysme sans commune mesure avec tout ce qui est arrivé dans l'histoire de l'humanité, un cataclysme comme, par exemple, l'écrasement d'une énorme météorite du genre de celle de Chicxulub qui a mis fin au règne des dinosaures il y a 65 millions d'années, ce que l'homme ne peut ni favoriser ni empêcher.

Bref, en dehors de ces hypothèses qui sont bien pires que les prévisions les plus pessimistes et que nous devons espérer être improbables, le nombre d'individus qui grouillent dans la fourmilière humaine finira bien par décroître, mais cela va prendre du temps, énormément de temps, et pendant ce temps la terre va s'épuiser et surtout se réchauffer. Nous n'avons pas d'autre choix que de prendre de toute urgence les mesures de sobriété qui s'imposent. Il faut avoir le courage de consommer moins, il faut avoir le courage d'émettre moins de gaz à effet de serre, de produire moins, de favoriser les circuits courts et de ne pas faire venir nos tee-shirts de Malaisie ou notre vin d'Argentine. Il faut avoir le courage de nous priver d'un peu de superflu pour protéger l'essentiel. Il faut arrêter cette spirale infernale de la croissance qui ne rime à rien, qui n'est qu'un fantasme d'économistes libéraux. Nous n'avons pas besoin de toutes ces choses que l'on nous vend et dont nous nous passions fort bien auparavant. Cette surconsommation à outrance est profondément néfaste pour la nature, pour nos enfants, pour nous… Bref, pour la Terre.

Il faut que cette nouvelle sobriété nous permette aussi de mettre un frein à la mondialisation des échanges. La mondialisation revient à exploiter les plus pauvres pour produire ces objets futiles qui nous transforment en enfants gâtés, insupportables, manipulés par les agences de pub. Non seulement la mondialisation exporte chez nous la pauvreté du monde en détruisant les emplois que nous avions, mais encore elle fait brûler la planète avec les rejets des bateaux et des avions-cargos.

Il est plus que temps d'ouvrir les yeux devant la catastrophe qui se produit dans l'indifférence générale et d'organiser enfin la décroissance heureuse… et de l'organiser vite.

Que penser de ce discours sobre et vertueux, de ce discours de « modestie », pour reprendre le terme à la mode ?

L'urgence écologique sert aujourd'hui de catalyseur, voire de prétexte à un sentiment bien connu qui n'a rien de nouveau : le populisme. Un peu partout, les populistes de droite comme de gauche font florès et finissent de plus en plus souvent par damer le pion aux forces politiques traditionnelles : Chavez, Trump, Maduro, Bolsonaro, Mélenchon, Le Pen, les Gilets jaunes, Meloni… on pourrait multiplier les exemples à l'infini. « Populiste » est devenu l'un des mots les plus à la mode de la « novlangue », et pas seulement en France.

Si l'on tente de dégager le populisme de la diabolisation et du mépris qui l'entourent, évitons les jugements de valeur fondés sur des impressions, on se rend compte qu'il n'y a rien de bien nouveau là-dedans.

Au café du commerce, le « populiste » n'est pas vraiment bien défini, mais si l'on écoute bien, on finit par comprendre qu'il s'agit d'hommes et de femmes politiques qui flattent les frustrations de la population, ses envies, ses peurs en proposant comme des évidences des « solutions » bien nettes et bien tranchées, toujours simples et généralement immédiates ou quasi. Ils se placent, plus ou moins consciemment, en dehors du champ du raisonnement pour s'appuyer sur les impressions et les pulsions de leurs concitoyens. Les mesures simplistes qu'ils proposent ne peuvent pas être viables, puisque les questions qu'ils abordent sont bien plus complexes que les « réponses » qu'ils agitent pour flatter leurs contemporains en dehors de l'analyse et de la raison. C'est le règne du « y'a qu'à faut qu'on ».

Il y a une part de vrai dans cette vision, mais ce n'est pas suffisant pour cerner le populisme. Les hommes et femmes politiques « traditionnels » n'hésitent pas à recourir eux aussi à ce genre de démagogie plus souvent qu'à leur tour, et la démagogie n'est pas l'attribut des seuls politiques. On a vu combien le discours écologiste ambiant, par exemple, s'appuie largement dessus.

Il faut aller un pas plus loin. Au-delà de la méthode démagogique qu'il n'est pas le seul à employer, le populiste est celui qui oppose le commun des mortels, l'« homme de la rue », les « vrais gens », à une espèce de classe de nantis cyniques et corrompus qui ne cherchent qu'à protéger leurs intérêts égoïstes au détriment de celui du « peuple ». Ces infâmes privilégiés sont des dirigeants politiques, des chefs d'entreprise, des journalistes... bref, tous ceux qui exercent une forme de pouvoir ou d'influence. Pour le populiste, toutes ces sangsues ont en commun d'appartenir à une « élite », d'être coupées de la réalité de la vie par les privilèges qu'elles défendent bec et ongles au mépris de l'intérêt général qui les préoccupe autant que leur première chaussette. Les populistes se drapent dans un mélange de moralisme et de violence pour dénoncer les exactions putrides de ces privilégiés qui confisquent le pouvoir. De droite comme de gauche, le programme des populistes est toujours de « rendre le pouvoir au peuple » qui ne doit plus être méprisé par les élites. Quand, malgré l'évidence des solutions miracles qu'ils proposent, les populistes sont battus aux élections, ce qui fort heureusement arrive encore de temps à autre, c'est que le peuple aura été trompé (alors que, s'ils avaient été élus, ce ne serait que clairvoyance de sa part, naturellement). Les réactions de Mélenchon en 2017, de Trump en 2021 ou de Bolsonaro en 2022 face à leurs défaites électorales en sont des illustrations flagrantes.

La dénonciation des élites n'a rien de nouveau. Elle existait déjà sous l'Ancien Régime et on la retrouve constamment depuis les émeutes antiparlementaristes du 6 février 1934 jusqu'aux Gilets jaunes.

Hier, l'élite honnie était caractérisée par « le Juif, le métèque et le franc-maçon » accusés de collusion contre le peuple. Aujourd'hui, ce sont les « puissances d'argent » et la mondialisation qu'elles organisent. Le vocabulaire a changé mais l'idée est strictement la même, parfois antisémitisme compris.

Populistes et démagogues jouent sur la peur des élites, sur le repli sur soi-même. L'économie d'aujourd'hui, la mondialisation, ne peut qu'attiser leur haine. Ils vivent du rejet de ce qui est et de l'illusion de ce qu'ils proposent. Ils ont toujours dénoncé ce qui est fluide et cosmopolite… Ils s'emparent avec délice du côté sombre de l'écologisme.

Entendons-nous bien : il n'est pas question de prétendre qu'il n'existe aucun souci, de nier l'existence de dangers écologiques et autres, nous finirons ces quelques pages par une revue de ces inquiétantes questions. Il s'agit juste de souligner que les populistes de tous bords s'en emparent – entre autres – pour dénoncer la mondialisation et la croissance en proposant d'ériger des barrières de tout poil et en particulier des barrières douanières pour protéger les acquis sociaux, et des barrières migratoires jusqu'à construire un mur à la frontière mexicaine. Le rejet du bouc émissaire et la xénophobie sont partout dans leur ligne de mire.

La bien-pensance écologiste qui prône la décroissance heureuse appartient à ce même mouvement : dénoncer la mondialisation des élites au nom du réchauffement climatique, prôner le repli sur soi-même et la diminution drastique des échanges internationaux.

Si l'on veut bien y réfléchir en regardant les faits, proposer de traiter le réchauffement climatique dans le cadre d'une récession organisée, d'une prétendue « décroissance heureuse », n'est qu'une vue de l'esprit populiste. C'est irresponsable, égoïste et, pour tout dire, c'est une forme insidieuse de néocolonialisme bobo.

Dans notre économie fort heureusement mondialisée – sans la mondialisation des échanges, le développement des plus pauvres ne serait pas possible –, la décroissance des pays riches entraîne nécessairement la décroissance des pays qui le sont moins. Le mécanisme infernal de la décroissance que proposent avec le sourire des gens qui n'en souffriront pas est d'une simplicité biblique. Nous consommons moins. Nous commandons donc moins aux Chinois, qui commandent moins aux Indiens qui commandent moins aux Vietnamiens, et personne ne commande jamais quoi que ce soit aux Africains ni maintenant ni plus tard. Pour les Africains, on se contente de laisser les Russes et les Chinois piller leurs ressources naturelles en échange de quelques miettes versées à leurs dirigeants corrompus.

La Banque mondiale classe les pays en quatre catégories en fonction du Revenu national brut (RNB) par habitant. En dollars constants, les pays de catégorie 1 (« Faible revenu ») ont un RNB par habitant de moins de 1 036 dollars américains (c'est-à-dire environ 2,84 dollars par jour et par personne). Les pays de catégorie 2 (« Revenu intermédiaire inférieur ») vont de 1 036 à 4 045 dollars, c'est-à-dire de 2,84 à 11,08 dollars par jour et par personne. Ceux de catégorie 3 (« Revenu intermédiaire supérieur ») vont de 4 046 à 12535 dollars, c'est-à-dire de 11,08 à 34,34 dollars par jour et par personne. Les pays à revenu élevé de catégorie 4, comme la France, sont ceux qui vont au-delà. Entendons-nous bien : il ne s'agit pas de la puissance des économies en valeur absolue mais bien du revenu par habitant. La Chine, par exemple, est en catégorie 3 tandis que le Luxembourg et l'Irlande, tous deux en tête de la catégorie 4, sont les champions du monde du revenu par habitant. Personne ne prétend pour autant que leur économie soit plus puissante que celle de l'empire du Milieu.

Il y a bien des manières de compter, bien des différences dans les monnaies de référence. Nous avons retenu ici les critères 2022 de la Banque mondiale.

Sans rentrer dans les détails, la grande tendance au cours de ce dernier demi-siècle a été un glissement vers le haut de la très grande majorité des pays des catégories les plus pauvres vers les plus riches. C'est ainsi que la majorité des pays de catégorie 1 (faible) ont évolué vers les catégories intermédiaires 2 et 3 et même parfois 4. Les catégories intermédiaires 2 et 3 regroupent aujourd'hui l'immense majorité des habitants de la planète, ce qui représente un immense progrès pour l'humanité.

Il est frappant de voir qu'à quelques très rares exceptions près que sont l'Afghanistan, la Corée du Nord et le Yémen, auxquels il faut ajouter selon certains la Syrie et le Tadjikistan, tous les pays de catégorie 1, les plus pauvres d'entre les pauvres, sont aujourd'hui situés en Afrique noire. L'Asie et l'Amérique latine ont, quant à elles, très largement tiré leur épingle du jeu. Même Haïti est passé en catégorie 2.

Les pays du « dessus du panier » (catégorie 4) peuvent sans doute se permettre de perdre 1 à 2 dollars par jour de revenus par habitant du fait de la décroissance. Ce ne sera pas agréable, beaucoup de Gilets jaunes râleront mais nous n'en mourrons pas. En revanche, l'effet de cascade sur les pays de catégorie 3 « intermédiaires supérieurs » leur serait extrêmement pénible et menacerait l'évolution qu'ils ont en cours. Pour les pays de niveau intermédiaire inférieur de catégorie 2, l'effet serait dévastateur et entraînerait leur paupérisation immédiate. Quant aux pays les plus pauvres, ce serait purement et simplement une catastrophe humanitaire. Cette catastrophe serait d'autant plus grave que les pays les plus riches, se repliant sur eux-mêmes, auraient moins de moyens pour les aider et surtout n'auraient aucune volonté de le faire compte tenu du climat social explosif que générerait chez eux la décroissance prétendument « heureuse ».

Perdre 2 dollars par jour par habitant quand le revenu par habitant est de 2 dollars par jour est à l'évidence un cataclysme.

Mais qu'est-ce qui peut bien permettre d'affirmer péremptoirement une chose pareille ? On peut être plus intelligent que cela, trouver un nouveau modèle, redéfinir les règles de solidarité. C'est bien joli de prétendre avec suffisance que les tenants de la décroissance heureuse sont des criminels par incompétence, mais la catastrophe de l'effet de cascade n'est qu'une opinion que rien ne la démontre !

Eh bien si, justement, la catastrophe de l'effet de cascade qu'entraîne la décroissance est démontrée. Il ne s'agit en aucun cas d'une opinion qui puisse se discuter mais d'un fait parfaitement établi. La Covid, malheureusement, nous a permis de voir en taille réelle ce que donne la décroissance pour les plus pauvres.

L'Organisation des Nations Unies pour l'Alimentation et l'Agriculture, que l'on appelle généralement par son acronyme anglais de FAO, le Fonds international de développement agricole, l'UNICEF, qu'on ne présente plus, le Programme alimentaire mondial et l'Organisation mondiale de la santé, excusez du peu, ont publié ensemble, en 2022, un rapport sur l'état de la sécurité alimentaire et de la nutrition dans le monde que l'on désigne généralement sous le nom de rapport SOFI.

Ce rapport nous apprend une foule de choses mais une en particulier doit retenir notre attention.

Si l'on s'en tient aux chiffres moyens, en 2021, 768 millions de personnes ont souffert de la faim absolue, c'est-à-dire, pour reprendre la terminologie internationale, d'une insécurité alimentaire grave.

768 millions, c'est énorme, mais, dit comme cela, on ne voit pas bien ce que cela représente. Ce qu'il faut pour bien comprendre ce dont on parle ici, c'est replacer ce chiffre dans son contexte.

768 millions, c'est 150 millions de plus qu'en 2019 avant la Covid…

… 150 millions de gens ont sombré dans la pauvreté absolue, celle qui n'avait cessé de reculer jusque-là.

150 millions de PERSONNES !

Pardonnez-moi de le répéter différemment mais c'est juste absolument essentiel : de 2019 à 2021, on est passé de 618 millions à 768 millions de personnes souffrant de la faim la plus grave. C'est une progression de presque 25 % dans un laps de temps terriblement court, ce alors même que la faim jusque-là ne faisait que reculer année après année depuis des décennies !

Il s'agit de l'« insécurité alimentaire » la plus élevée, c'est-à-dire, pour faire simple dans le langage de tous les jours, de la pauvreté absolue, de la famine. L'insécurité alimentaire dite « modérée » c'est-à-dire la grande pauvreté mais pas la pauvreté absolue, quant à elle, est restée relativement stable pendant cette période. Qu'est-ce que cela veut dire ? Cela signifie que 150 millions de personnes ont basculé de l'insécurité alimentaire modérée à la pauvreté absolue tandis que le même nombre passait d'une relative sécurité à l'insécurité alimentaire « modérée ». Bref, cela a été la descente aux enfers pour 300 millions de personnes... en deux années, et plus des deux tiers dès la première année.

Bien sûr, la décroissance provisoire imposée par la baisse d'activité qu'a entraînée la Covid n'est pas le seul facteur qui explique la faim dans le monde en général et dans son ensemble pour la totalité des 768 millions de personnes concernées, mais, sur la période 2019-2021, c'est **le** facteur qui a changé, le facteur, le **SEUL** facteur qui a entraîné cet accroissement épouvantable et surtout, surtout, absolument sans précédent depuis des décennies.

Mettons déjà ces chiffres épouvantables en perspective avec l'amélioration que cette même baisse d'activité a pu avoir sur les émissions humaines de CO_2. Elle est indéniablement importante. La baisse des émissions humaines de CO_2 liée à la Covid a été de l'ordre de 7 % en rythme annuel avec des pics pouvant atteindre 17 %. C'est beaucoup. Une telle baisse ne s'était jamais produite depuis le début de l'ère industrielle, ni en valeur absolue ni même en pourcentage, et de loin. Les précédentes baisses considérées comme « significatives » atteignaient – 0,9 % en 1945 et – 0,5 % en 2009.

Voilà au moins une bonne nouvelle. Des centaines de millions de gens souffrent peut-être, mais au moins cela va dans le sens d'un ralentissement du réchauffement climatique.

Eh bien, pas du tout. Cette baisse, pourtant très conséquente, des émissions humaines de CO_2 n'a eu aucune conséquence même modeste sur le réchauffement climatique. En fait, cette baisse n'a même pas eu d'effet mesurable. On n'aurait pas baissé les émissions que les chiffres auraient été les mêmes… strictement les mêmes, comme le souligne de manière très explicite le rapport du GIEC en 2022.

Surtout, il faut vraiment conserver cette grande et terrifiante réalité en tête : la « décroissance heureuse » de la Covid sur deux années, c'est la descente aux enfers de 300 millions de personnes dans des conditions que vous n'imaginez même pas. C'est immédiat, c'est mesurable et c'est mesuré, c'est le cœur du rapport commun de toutes les organisations internationales en charge de ces questions. Si vous avez un doute, il vous faudra moins d'une minute pour aller le vérifier sur Internet.

Le réchauffement climatique, même dans le pire des scenarii, ne peut en aucun cas avoir ces effets immédiats et ne peut pas toucher aussi gravement un aussi grand nombre de personnes en si peu de temps. Là encore, lisez le rapport du GIEC si vous avez un doute. N'oublions pas que, avant la « croissance » que nous remettons aujourd'hui en question, c'est la famine qui était la norme de l'humanité, y compris en Europe occidentale. Il serait beaucoup plus probable, plus facile et surtout plus rapide de revenir à la pauvreté absolue généralisée si nous écoutions les sirènes de la « modestie économique » que ce que nous pouvons imaginer en étant accoudés au zinc du café du commerce.

Il est absolument sidérant que cet accroissement effroyable de la pauvreté ne soit pas sur toutes les bouches et qu'on continue à seriner les mêmes poncifs criminels sur la « décroissance heureuse » sans même jeter un œil sur le sort des plus pauvres d'entre nous. Quel aveuglement !

De la même façon, on essaie depuis des années de mesurer le nombre de personnes qui meurent du réchauffement climatique. Avec moins de 1 °C sur un siècle, à date, il ne s'agit bien évidemment pas de morts directes et mesurables, mais d'estimations statistiques. C'est en 2009 que le Forum humanitaire global, sous la direction de Kofi Annan, ancien secrétaire général de l'ONU, a décidé un peu arbitrairement de doubler ces chiffres pour passer de moins de 160 000 personnes à 315 000 morts théoriques… Tandis que, avec le seul effet de la Covid sur la croissance mondiale, 300 millions de personnes ont basculé dans l'horreur en moins de deux ans… presque 1 000 fois plus. Il ne s'agit pas de simples projections statistiques mais d'une réalité observable !

La meilleure et même la seule réponse à cette horreur, c'est le développement économique et, pour l'essentiel, celui des pays d'Afrique. On le sait, on en a fait l'expérience partout dans le monde où la situation des humains n'a pas arrêté de progresser… enfin n'a pas arrêté de progresser jusqu'à la catastrophe humanitaire de la Covid qui réside bien plus dans le ralentissement de la croissance que dans les morts directs de la pandémie.

Remémorez-vous le début de ce livre et demandez-vous combien de centaines de millions, de milliards de vies ont été sauvées par le développement des pays les plus pauvres, demandez-vous quelles sont – dans la vraie vie et non dans les fantasmes des consommateurs de pays riches – les alternatives qui permettent vraiment de continuer à faire la même chose : améliorer drastiquement le sort des plus pauvres. Demandez-vous si nous ne sommes pas encore au milieu du gué et si notre responsabilité n'est pas de continuer à le traverser. Demandez-vous enfin quelles sont les vraies priorités, l'émission de CO_2 ou bien continuer le chemin vers la fin de la faim, l'éradication des maladies comme la malaria, la décroissance des guerres, la baisse de la pollution et généralement toutes les conséquences de la baisse de la pauvreté que *seule* peut entraîner la croissance.

Ce chemin de la croissance contre la pauvreté est bien moins pénible, bien plus rapide et bien plus efficace à l'heure de la mondialisation qu'à l'époque de la révolution industrielle des pays occidentaux. L'Inde et la Chine ont multiplié par cinq leur revenu par habitant en cinq fois moins de temps que les Occidentaux ne l'avaient fait et alors que cela concernait chez eux 2 milliards de personnes et non plus 200 millions… et cela est dû pour l'essentiel à leur intégration dans l'économie mondiale. Ce n'est pas une hypothèse. C'est un fait certain.

Bien évidemment cette croissance entraîne des excès et des dangers dont nous devons prendre conscience et qu'il faut réguler, mais il ne faut pas nous tromper de priorités. Gardons bien en tête ce que nous apprend le dernier rapport du GIEC. Les pires conséquences du réchauffement climatique auront lieu dans les prochaines décennies dans les pays les plus pauvres. La raison en est pour l'essentiel que ces pays sont justement les plus pauvres et que, de ce fait, ils sont beaucoup moins bien armés que les pays plus riches pour faire face aux conséquences du réchauffement.

Il est acquis aujourd'hui que le réchauffement est une réalité. Nous pouvons avoir une influence sur la rapidité à laquelle il va se produire, peut-être même sur son ampleur au bout du compte, mais ce qui est sûr, c'est qu'il est en train de se produire et que cela va continuer.

La conséquence de ces deux remarques s'impose d'elle-même. Le meilleur moyen – en fait, le seul moyen – d'éviter que ces pays ne souffrent trop du réchauffement climatique est de leur permettre d'accélérer leur développement économique.

L'énergie

Nous vivons au cœur d'un mirage. Depuis la fin de la Seconde Guerre mondiale, ou à peu près, nous nous sommes donné l'illusion que nous améliorions les standards de vie sur Terre alors qu'en fait nous n'avons fait que mettre en place une vaste arnaque à la Madoff. Nous vivons à crédit en empruntant sur les ressources de nos enfants et de nos petits-enfants. Nous ne léguerons aux générations futures qu'un monde exsangue et brûlant où vivre sera pire non seulement que ce que nous connaissons aujourd'hui, mais aussi pire que ce qu'ont connu nos pères et les pères de nos pères. La prospérité factice et bien mal partagée que nous croyons avoir créée ne repose que sur une immense pyramide de Ponzi qui finira bien par s'écrouler. Même si les choix que cela implique sont douloureux, nous ne pouvons plus continuer à tirer des chèques en blanc sur l'avenir.

Ne commettons pas, de nouveau, l'erreur des Malthus et des Ehrlich. Les uns comme les autres décrivaient assez justement la situation de l'humanité à leur époque et comprenaient assez bien ce qui se passerait si les choses continuaient à évoluer dans le sens qu'ils avaient constaté. Les analyses malthusiennes, qui nous poussent au burn-out climatique aujourd'hui, ont l'avantage de nous faire prendre conscience de l'importance, de la nécessité d'une évolution. Pourquoi Malthus, Ehrlich et tous les autres se sont-ils trompés et pourquoi les écologistes radicaux comme ceux du mouvement « Extinction Rébellion » ou les « Soulèvements de la Terre » se trompent-ils aujourd'hui ? Parce que, dans notre phrase ci-dessus, ils négligent le mot le plus important, « **si** » les choses continuaient à évoluer dans le même sens… L'histoire, surtout l'histoire récente, nous montre que l'on sous-estime le formidable potentiel d'innovation, d'ingéniosité et d'intelligence de l'humanité, sa capacité à identifier les problèmes les plus complexes et à y trouver des solutions en inventant des techniques nouvelles et en changeant de comportement.

Il faut aujourd'hui cinq fois moins d'énergie pour produire une unité de richesse qu'à la fin du XIXe siècle. Ce phénomène non seulement continue, mais encore s'accroît à un rythme de plus de 1 % par an.

Sans doute, mais comme on produit beaucoup plus qu'auparavant et que l'on appelle de nos vœux la croissance de tous les pays vers les niveaux supérieurs de revenus par habitant – et donc de production –, on continue à dilapider l'énergie de nos fils malgré les progrès remarquables de la sobriété énergétique.

Ce ne serait exact que si l'on se contentait de raisonner sur les énergies fossiles. Les énergies fossiles vont continuer à être utilisées de manière massive, au moins dans le cadre du développement des pays les plus pauvres. C'est un fait, et c'est même un fait *souhaitable*. En effet, il est moralement indispensable de faire reculer la pauvreté, et ce recul est nécessaire pour que ces pays puissent mieux absorber le choc du réchauffement climatique qui se produira en tout état de cause. C'est pour le moment la seule source d'énergie suffisamment abondante, régulière et bon marché pour remplir cette fonction. Même si les pays développés font des efforts méritoires – et efficaces – pour réduire leur consommation, toutes les hypothèses retenues par le GIEC prennent en compte l'accroissement de l'émission de CO_2 par les pays du tiers-monde – à différents niveaux selon les scenarii.

Pourquoi ne pas utiliser le solaire ou l'éolien pour le développement des pays les plus pauvres ?

Tout simplement parce que ce n'est pas possible pour trois raisons qui tiennent toutes les trois en une phrase. Ce sont des modes de production d'énergie électrique qui utilisent une énergie abondante mais diffuse et discontinue. Première raison : au stade de développement des pays les plus pauvres, tout ne peut pas, pour le moment, être fait avec la seule énergie électrique. Nous ne produisons, par exemple, pas assez de camions électriques et ils sont trop chers – sans oublier qu'ils utilisent aussi des métaux rares et que leur production émet du CO_2, mais passons. La deuxième raison est que l'utilisation d'énergies diffuses comme le rayonnement solaire ou le vent est peu rentable. Pour faire simple, en investissant 5 fois plus que dans une centrale nucléaire, un parc d'éoliennes produit près de 7 fois moins d'énergie. Pour 1 euro ou 1 dollar investi, le rapport est de 1 à 35. Ce ne sont donc pas des solutions utilisables pour les pays en voie de développement qui justement manquent de moyens. Indépendamment de leur coût mais du fait de leur faible rendement, ces énergies prennent énormément de place. Installer des fermes éoliennes ou solaires pour faire face aux besoins des pays pauvres conduirait à une déforestation catastrophique. La troisième raison est que ce sont des énergies qui ne sont pas constantes. Le vent ne souffle pas toujours et le soleil ne brille pas la nuit. Or on ne sait pas stocker dans de bonnes conditions l'énergie produite pour pouvoir la restituer lorsque éoliennes et panneaux ne produisent pas d'électricité.

Mais si l'éolien et le solaire posent tant de problèmes, pourquoi les installe-t-on chez nous ?

Parce que la situation est différente. Nous avons déjà des infrastructures, nous disposons d'énergie en suffisance pour nos besoins, nous en produisons une partie – en utilisant des ressources locales ou importées – et nous en importons une autre, généralement du gaz et du pétrole, pour faire simple. La production que nous faisons localement est pour beaucoup nucléaire. C'est ce qui lui permet de ne pas rejeter de CO_2 et ce qui place la France parmi les « bons élèves » climatiques. Pourtant nous augmentons rapidement notre capacité éolienne et solaire. Certes, il faut un peu de CO_2 pour construire une centrale nucléaire, pour installer des éoliennes et des fermes solaires, en plus de l'utilisation des terres rares dans les deux derniers cas, mais le bilan de ces trois sources d'énergie est largement positif en termes d'émissions de carbone.

En France, aujourd'hui, le parc installé pour la production d'électricité permet de couvrir 88 % de la demande sans émissions nettes de CO_2 – à savoir, 44 % de nucléaire,

18 % d'énergie hydraulique, 14 % d'éolien, 10 % de solaire et 2 % de bio-énergie. Bon, la pression médiatique – plus que le besoin réel – ne nous permet pas de gérer de manière aussi intelligente qu'on le devrait la maintenance du parc nucléaire, notamment face aux problèmes de corrosion (on ferme plus de centrales qu'on ne peut en réparer au même moment alors qu'elle pourrait sans danger continuer à fonctionner en attendant que celles qui sont réparables soient traitées, et ainsi de suite). Cela va nous conduire pendant un temps à réaugmenter un peu la part des énergies fossiles, ce qui est idiot et résulte de la pression imbécile des écologistes, mais globalement nous en sommes là. Cela étant, la politique française en la matière s'est largement infléchie avec notamment l'autorisation donnée en août 2023 par l'autorité nucléaire française à EDF de laisser fonctionner la centrale de Tricastin atteinte par la limite d'âge de 40 ans… une première en France qui en annonce bien d'autres, puisque 11 centrales dans le même cas ont déjà passé favorablement les inspections et s'apprêtent à recevoir la même autorisation.

Pourquoi avons-nous si largement augmenté les sources non émettrices nettes de CO_2 autres que le nucléaire, alors qu'elles sont irrégulières, que leur coût est prohibitif (15 fois plus que le nucléaire par kilowattheure produit pour l'éolien) et que leur durée de vie est limitée (maximum 20 ans)… Eh bien à cause du temps. Nous avons fait des choix idéologiques sous le quinquennat Hollande comme l'arrêt de la centrale de Fessenheim ou la loi de programmation énergétique plafonnant la production d'électricité nucléaire française à son niveau de l'époque. Or construire des centrales nucléaires est long et complexe, et nous voulons réduire notre empreinte carbone dès maintenant, ce qui suppose d'utiliser et donc de produire de plus en plus d'électricité décarbonée. Pour y arriver, et malgré leurs défauts, on recourt à l'éolien et au solaire. Il s'agit de « faire la soudure » en attendant que les nouveaux programmes nucléaires soient opérationnels.

Cela étant dit, soyons clair : l'éolien et le solaire ne sont pas la solution à nos problèmes, ni en France ni globalement. Les contraintes de rendement, de place, de coût, de stockage et de discontinuité sont suffisamment fortes pour que nous ne puissions pas rêver nous appuyer dessus sur le long terme comme source d'énergie principale. Il ne peut s'agir que d'un appoint pour nous, et ce n'est pas du tout une solution viable pour les pays en développement. Ce n'est pas pour rien que la France et les États-Unis font partie des 20 pays qui ont appelé au triplement du parc nucléaire mondial pendant la COP 28 de Dubaï en novembre-décembre 2023. La déclaration finale votée à l'unanimité des 200 membres le 14 décembre 2023 réaffirme l'objectif de la neutralité carbone des activités humaines à l'horizon 2050, ce qui suppose, nécessairement, un très fort renforcement de l'énergie nucléaire partout dans le monde.

Même si l'énergie nucléaire ne contribue pas au réchauffement climatique, ce que personne ne conteste, elle ne peut pas être une source fiable pour les pays développés et pour les pays en voie de développement à cause, d'une part, des risques qu'elle implique, et, d'autre part, du problème des déchets, enfin car, une fois encore, elle utilise l'uranium présent en quantité limitée dans la nature, ce qui finira par poser de nouveau la question de la pénurie.

C'était en effet le discours dominant jusqu'à ces dernières années. Aujourd'hui, il est un peu passé au second plan.

Rappelons d'abord que la France est une exception. L'électricité dans le monde est très majoritairement produite à partir de combustibles fossiles. Cela nous permet d'affirmer que, même avec les technologies actuelles, le nucléaire est une source d'énergie bien moins dangereuse que les combustibles fossiles. Pas de CO_2, pas d'émission de gaz polluants ou de particules fines et surtout, contrairement à ce que l'on croit savoir, bien moins d'accidents que dans les centrales thermiques à énergie fossile. Bref, quoi qu'en disent certains, de plus en plus rares, le nucléaire est d'ores et déjà un progrès par rapport aux centrales qui brûlent du charbon ou du gaz, surtout russe. Plus intéressant encore, l'énergie nucléaire nous ouvre des solutions d'avenir assez fantastiques à relativement court terme. L'évolution technologique en cours apporte une solution à tous les problèmes que posent les réacteurs actuels (danger, ressources naturelles, déchets…), notamment grâce au laser CPA et aux réacteurs de 4e génération.

Avant d'aborder les réacteurs de 4e génération, penchons-nous un instant sur les travaux du professeur Gérard Mourou, de l'École polytechnique française, qui a bien voulu écrire la magnifique préface que vous avez trouvée au début de ce livre. L'ingéniosité de cet incroyable chercheur permet de mesurer à quel point la technologie peut radicalement changer la perception que l'on a du danger des déchets nucléaires – les radioéléments à longue vie, comme on dit dans le jargon des scientifiques. Le professeur Mourou savait que l'on pouvait en théorie multiplier la puissance des lasers pour faire baisser la radioactivité de grandes quantités de matériaux, mais cela restait totalement théorique car les lasers qui auraient permis de faire cela devaient être tellement puissants qu'ils auraient détruit les instruments qui les généraient bien avant d'avoir accompli leur mission. Il eut l'idée de décompresser les rayons émis puis de les recompresser pour résoudre cette difficulté et demanda à l'une de ses étudiantes d'en faire le sujet de sa thèse. La jeune Donna Strickland renâcla un peu. Trop facile, ce n'était pas digne d'un sujet de thèse. Le professeur Mourou insista et ils s'attelèrent au travail. Quelques années plus tard, il dut reconnaître qu'elle avait raison, ce n'était pas un sujet de thèse… c'était un sujet de Nobel. Ils venaient de recevoir ensemble le prix Nobel de Physique 2018.

Mourou et Strickland avaient ouvert la voie à la « lumière extrême » qui est l'une des pistes de recherche les plus prometteuses de ce début de siècle. Le principe en est assez extraordinaire. On utilise une source d'énergie relativement faible, de l'ordre du joule qui est à peu près l'énergie qu'il faut sur Terre pour élever d'un mètre une pomme de 100 grammes, mais on la concentre sur une durée extraordinairement courte, comme la femtoseconde (10^{-15} seconde) ou même l'attoseconde (10^{-18} seconde), c'est-à-dire un milliardième de milliardième de seconde, soit le temps que met la lumière pour parcourir la distance de trois atomes d'hydrogène. Un seul joule, l'énergie nécessaire pour élever un gramme d'eau d'un degré, concentré sur une durée si courte, et on atteint un pétawatt d'énergie, ce qui correspond à la puissance cumulée de tous les réseaux électriques de la planète.

Il faut dire que si cette invention permet d'ores et déjà de faire des choses extraordinaires au niveau médical, en particulier en matière de chirurgie optique, elle apporte surtout une solution radicale pour les déchets nucléaires. Cette technique permet d'irradier d'un seul coup beaucoup de matière avec un laser à large flux. Résultat, cela change radicalement la durée de vie des déchets nucléaires. Radicalement ? On peut le dire : elle passe d'un million d'années à 30 minutes. Cela marche déjà très bien en laboratoire et les équipes du professeur Mourou travaillent déjà à une solution peu coûteuse applicable à grande échelle. Cette solution est longue, délicate et chère à mettre au point, il va falloir passer d'une à mille impulsions par seconde, mais le résultat en est certain, puisque la technologie existe et fonctionne et qu'il faut juste l'adapter à l'échelle industrielle.

Pourtant, elle arrivera peut-être trop tard pour être utile. La faute en est aux réacteurs nucléaires dits de 4e génération – il s'agit d'autre chose que les EPR – qui apportent une solution radicale à chacune des cinq problématiques de la production d'électricité nucléaire civile : la sécurité, la pénurie de carburant, la gestion des déchets, le coût de fonctionnement et la non-prolifération du nucléaire militaire.

Regardons-les point par point.

En termes de sécurité, les centrales de 4e génération sont conçues pour empêcher, par leur nature même, que les accidents dont nous avons déjà parlé puissent se produire. Le principe est celui de la sécurité passive. Qu'il s'agisse d'un dysfonctionnement technique et/ou humain comme à Tchernobyl ou d'un événement extérieur comme le tsunami de Fukushima, un tremblement de terre ou même une attaque terroriste, il n'est structurellement pas possible avec cette nouvelle technologie qu'il y ait de fuite radioactive vers l'extérieur. Pour faire simple, voici le principe : les réacteurs brûlent des combustibles métalliques liquides. Et alors, me direz-vous ? Et alors, cela change tout. Pour qu'il y ait accident nucléaire, il faut qu'il y ait une surchauffe ; or, lorsqu'il y a surchauffe, le métal se dilate et, lorsque le métal se dilate, la réaction nucléaire s'arrête. Le problème devient la solution. Malin, non ?

Pour ce qui concerne l'approvisionnement en carburant, pas de risque de pénurie avec les réacteurs de 4e génération. Il existe deux types d'uranium dans la nature, deux « isotopes » : l'uranium 238, qui représente la quasi-totalité des réserves naturelles (99,3 %), et l'uranium 235, qui ne représente que les 0,3 % restants. Jusqu'à présent, le problème était qu'on ne pouvait pas utiliser directement l'uranium 238, il fallait le transformer en plutonium en utilisant de l'uranium 235 et, une fois utilisé, on se retrouvait avec de l'uranium 238 qui n'était plus qu'un déchet radioactif qu'il fallait stocker. Les réacteurs de la 4e génération, eux, utilisent directement l'uranium 238. Vous me direz que c'est toujours une ressource naturelle rare… eh bien, non pas vraiment. D'une part, les réacteurs de 4e génération produisent plusieurs centaines de fois plus d'énergie que ne le font les réacteurs d'aujourd'hui avec la même quantité de carburant ; d'autre part, on a stocké énormément d'uranium 238 comme sous-produit des réacteurs des générations précédentes. Si on voulait produire avec des réacteurs de 4e génération la même quantité d'énergie que celle produite par l'ensemble des réacteurs nucléaires existant dans le monde aujourd'hui, la simple utilisation des stocks de déchets actuels permettrait de les faire tourner pendant des milliers d'années sans qu'il soit nécessaire d'extraire ne serait-ce qu'un gramme d'uranium 238 supplémentaire. Autrement dit, même si on booste fortement la production, aucun risque de pénurie n'est à craindre.

Les réacteurs de la 4e génération permettent également de résoudre définitivement le problème des déchets : au cours du processus de production, ils brûlent les radioéléments à longue durée de vie, ce qu'on appelle couramment les déchets nucléaires qui nous font si peur. Ils ne produisent donc pas de déchets, ils les incinèrent sans aucun rejet et créent du combustible « neuf » que l'on peut de nouveau utiliser.

Ajoutons que ces petites merveilles font tout cela dans des conditions de coût plus que compétitives par rapport aux centrales nucléaires actuelles et même aux centrales qui utilisent des combustibles fossiles, ce qui les rend abordables pour des pays en voie de développement.

Reste la question de la prolifération des bombes nucléaires. L'un des arguments sérieux contre le nucléaire civil aujourd'hui – ou, en tout cas, contre son implantation dans des pays ne disposant pas déjà de bombes A ou H – est que l'on peut toujours soupçonner les États d'utiliser à des fins militaires le plutonium dont on a besoin pour les faire tourner. Comme on l'a vu, cela ne peut pas être le cas avec les centrales de 4e génération. Elles utilisent directement l'uranium 238 qui n'a pas la qualité militaire. Du plutonium est bien créé dans le cycle du combustible, mais il n'est jamais séparé d'autres éléments – les spécialistes disent : « divergé » – et donc ne peut être utilisé à des fins militaires. Il n'est théoriquement pas impossible de créer cette « divergence » mais c'est si difficile que, si un pays pouvait mettre au point une technologie permettant de le faire, c'est qu'il aurait déjà depuis longtemps les moyens de fabriquer des bombes atomiques autrement. Le grand avantage de cette spécificité est que l'on peut utiliser la technologie des réacteurs de 4e génération dans les pays du tiers-monde sans avoir besoin de faire confiance aux dirigeants actuels ou futurs pour ne pas s'en emparer dans l'optique de créer un arsenal atomique.

Tout cela serait sans doute merveilleux si ces centrales de 4e génération existaient autrement qu'à l'état de concepts. On ne va pas sauver la planète en tablant sur des rêves de science-fiction.

Toujours la vieille erreur de Malthus et d'Ehrlich ! L'Europe en général et la France en particulier – en partie à cause des erreurs commises pendant le quinquennat Hollande – ont certes pris du retard sur la mise au point des réacteurs de 4e génération, mais les Chinois, les Indiens, les Japonais et même les Russes ne sont pas restés inactifs. Ce n'est plus de la science-fiction. On a dépassé le stade théorique : les Chinois ont démarré depuis la fin décembre 2021 leur premier réacteur « génération IV » et le gouvernement français – entre autres – a décidé de mettre enfin les bouchées doubles pour combler son retard imbécile.

Grâce à cette technologie *qui fonctionne déjà*, on va pouvoir construire directement en usine des microcentrales parfaitement hermétiques, qui ne pourront pas fondre, qui n'auront pas besoin d'être réapprovisionnées en carburant nucléaire et qui ne nécessiteront aucune intervention humaine. En fin de vie, après des décennies de fonctionnement, ces petits réacteurs seront leurs propres sarcophages. Si l'on voulait vraiment être plus prudent que prudent, on pourrait même à moindre coût les enterrer dans les mêmes conditions que l'uranium 238 que l'on trouve abondamment dans la nature, ne générant ainsi pas plus de risques que ceux qui existent déjà à l'état naturel. Le gouvernement français et la société TerraPower subventionnée par Bill Gates travaillent d'arrache-pied là-dessus.

On pourrait encore mentionner des dizaines et des dizaines d'innovations qui vont nous aider à résoudre le problème énergétique comme la production d'algues dont le rendement énergétique par hectare est des milliers de fois supérieur à ce qui existe aujourd'hui et ne nécessitera pas de convertir des terres agricoles pour générer du biocarburant, d'autant que ces algues peuvent croître dans l'eau de mer. Imaginez que l'on renverse les cheminées d'usine pour alimenter ces algues en CO_2 et qu'on les convertisse ensuite en carburant avec un bilan carbone nul au bout du compte. Il y a aussi le graphène inventé en 2004, aussi mince qu'un atome de carbone, insensible à la corrosion, d'une flexibilité totale et d'une solidité à toute épreuve. On est en train de travailler à l'utiliser comme cellule photovoltaïque tellement fine qu'on pourrait en recouvrir les routes, les voitures, les maisons et même vos vêtements sans même que l'on puisse s'en rendre compte. Or le graphène est fait à partir de carbone plus que fréquent sur Terre, ne serait-ce que parce qu'il est l'une des particules du CO_2 que l'on cherche à éliminer. Si on utilise le carbone pour produire du graphène à partir du CO_2, le seul sous-produit qui reste est de l'oxygène : plus besoin de « piller » l'iridium beaucoup plus rare que l'on utilise aujourd'hui pour les cellules photoélectriques.

On peut aussi parler, pour être complet, de la fusion nucléaire qui est l'autre façon de produire de l'énergie nucléaire et qui, elle aussi, utilise la « lumière extrême » du professeur Mourou. Aujourd'hui, on prend les noyaux de gros atomes que l'on casse pour libérer l'énergie nucléaire, c'est de là que vient son non (nucléaire : ce qui est relatif au noyau). C'est la fission. Ça fonctionne bien, on le voit, mais c'est compliqué, dangereux et cela crée des déchets radioactifs, même si l'on a trouvé des solutions pratiques hallucinantes à ces problèmes. Il n'en demeure pas moins qu'on arriverait au même résultat en faisant l'inverse, c'est-à-dire regroupant les noyaux de petits atomes : c'est la fusion. C'est comme cela que le Soleil et toutes les étoiles fonctionnent. Double avantage : les petits atomes comme l'hydrogène existent partout, ils sont terriblement abondants et surtout ils ne sont pas radioactifs. La fusion ne crée aucun déchet et s'abreuve d'un combustible illimité.

Faisons simple : la maîtrise de la fusion nucléaire nous donnerait une source d'énergie absolument inépuisable, totalement sans danger, ne nécessitant aucune extraction de ressource et ne produisant absolument aucun déchet.

Dommage que ce soit un rêve de science-fiction inatteignable.

Vous croyez ?

Après de multiples confirmations en laboratoire, la première centrale à fusion de grande échelle qui produira effectivement plus d'énergie qu'elle n'en recevra sera opérationnelle en 2026 pour tourner à plein rendement en 2035. C'est le fameux projet ITER qui regroupe sur le site français de Cadarache tous les pays de l'Union européenne, l'Inde, la Russie, les États-Unis, la Chine, la Corée (du Sud évidemment) et le Japon. Excusez du peu : c'est le plus grand projet scientifique mondial. Il sera suivi d'un réacteur plus proche d'un modèle effectivement industriel dit « DEMO » – on voit l'idée – puis d'un prototype final correspondant trait pour trait à une centrale effective et dit naturellement « PROTO ». On en est là.

On pourrait continuer pendant des pages et des pages, mais le résultat est clair. La question de l'énergie est en passe d'être réglée et les solutions sont bien plus avancées que ce que l'on pense généralement au café du commerce. On ne nous en parle quasiment jamais et, quand on le fait, c'est à peu près incompréhensible. ITER, Cadarache : vous en aviez vaguement entendu parler… Mais saviez-vous ce dont il s'agissait ? Ces solutions ne ressortent ni de la propagande politique ni de la science-fiction : elles en sont au stade de la mise au point industrielle ; elles sont même, pour certaines, déjà au-delà. Ces solutions intéressent tous les problèmes qui nous terrifient : rentabilité, déchets, sûreté face aux accidents, pénurie de ressources et émissions de gaz à effet de serre.

Malthus est utile parce qu'il a tort.

Ne désespérons pas de l'intelligence humaine !

Les dangers qui menacent

Ni optimisme ni pessimisme. Ce n'est pas le propos. Le propos est de changer d'attitude, de combattre le burn-out climatique, pas de prétendre que le monde est tout rose en mettant sous le tapis les problèmes auxquels nous sommes confrontés. Non, il n'y a pas motif à désespoir ; oui, les solutions existent ; non, la planète ne va pas mourir et, non, nous n'allons pas léguer à nos enfants un monde pire que celui que nous, nos pères et nos aïeux avant nous avons reçu, bien au contraire.

Les problèmes du monde existent. Ils sont graves. Ils sont préoccupants. Il faut en effet s'en occuper, les prendre à bras-le-corps lorsque c'est nécessaire, plus posément lorsque cela s'impose mais toujours de manière réfléchie, en regardant la complexité de la réalité et pas les discours simplistes des populistes de tous bords, écologistes compris.

Il n'y a pas de boucs émissaires, qu'il s'agisse des musulmans, de la finance internationale, des immigrés, des élites politiques ou que sais-je. Il n'y a pas de solution simple qu'un grand « y'a qu'à faut qu'on » peut mettre en place d'un claquement de doigts pour peu qu'on lui laisse prendre les rênes du pouvoir. Le monde a besoin d'espoir, de la bonne volonté de tous. Il faut une bonne fois arrêter de nous lamenter en regardant notre nombril de privilégiés et en refusant de faire des enfants. Le monde est beau, il mérite que nous adoptions une démarche volontaire, résolue, réfléchie, informée et positive.

Le monde en général et l'homme en particulier ont plus progressé depuis la fin de la Seconde Guerre mondiale que pendant tout le reste de l'histoire de l'humanité. Ce progrès continue et s'accroît, même si des crises comme la Covid l'ont provisoirement ralenti. Pour la première fois dans l'histoire des femmes et des hommes qui ont peuplé cette planète depuis 2 000 siècles, la faim et la maladie ne sont plus la norme mais l'exception. Il faut protéger ces acquis et en faire profiter ceux qui n'y ont pas – ou pas suffisamment – eu accès jusque-là.

On pourrait lister tous les risques possibles sur une centaine de pages qu'on n'en aurait toujours pas fait le tour. Soyons clair : si une immense météorite s'écrase sur Terre dans quelques années, nous n'y pourrons pas grand-chose et, en tout état de cause, c'est lorsque le risque deviendra un danger qu'il faudra réagir pour essayer de protéger le peu qui pourra peut-être l'être. En attendant, disserter sur ce genre de catastrophe, que la Terre a déjà connue il y a 65 millions d'années, ne présente pas vraiment d'intérêt.

Ce que nous pouvons plus utilement faire, c'est d'identifier les risques qui sont d'ores et déjà des dangers auxquels nous devons faire face, les lister par ordre de gravité et les gérer au mieux de nos possibilités sans sombrer dans le découragement. Le découragement est le plus sûr moyen d'augmenter les dangers et de causer dans la peur et la précipitation le maximum de dégâts et, en particulier, de dégâts collatéraux.

Le retour de la misère

Ce n'est pas la mode. Je sais, c'est hallucinant mais c'est un fait, ce n'est pas la mode. On ne parle quasiment jamais de la baisse spectaculaire de la faim au cours des cent, cinquante, trente dernières années. Admettons : on ne parle pas des trains qui arrivent à l'heure... mais la Covid vient de nous apprendre une vérité, une vérité absolument capitale et que nous ignorions. Ces progrès spectaculaires sont en fait fragiles !

Le plus grave, de très loin, des dangers auxquels nous devons faire face n'est pas un réchauffement climatique de quelques degrés à la fin de ce siècle, qui est une question par ailleurs préoccupante, nous allons y venir, mais c'est le retour de la misère et de la faim TOUT DE SUITE. Ce n'est pas seulement un risque potentiel et futur, c'est un danger immédiat ; pis, c'est plus qu'un danger, c'est un fait avéré. Le premier des dangers de ce monde, c'est le rebond de la pauvreté à grande échelle, alors que, jusque-là, elle n'avait pas cessé de perdre du terrain.

Nous avons déjà évoqué le rapport SOFI, établi en commun par toutes les grandes organisations internationales en charge de ces dossiers. Nous avons déjà vu que 150 millions de personnes ont rechuté vers l'« insécurité alimentaire grave », c'est-à-dire l'horreur absolue de la famine. Il faut, nous l'avons déjà vu, y ajouter les 150 millions de personnes qui sont passées en état d'insécurité alimentaire « modérée ». Si l'on veut schématiser un peu, répétons encore une fois que ce sont 300 millions de personnes de plus qui soit meurent de faim, soit souffrent de la faim, la distinction a évidemment son importance.

Ce danger de la famine est le premier et de très loin le plus important et le plus immédiat de tous les dangers auxquels nous devons aujourd'hui faire face, dans la quasi-indifférence générale. Il n'a rien de nouveau. Ce n'est pas une saloperie contemporaine que l'on aurait découverte il y a quelques années, ce n'est pas un nouveau danger écologique, technologique ou que sais-je. Non, c'est tout bêtement et dans toute son horreur la résurgence de la plus vieille des plaies de l'humanité, de cette abomination qui ne cessait de reculer depuis des décennies et que nous pouvions nous croire en mesure de battre définitivement à l'horizon de la décennie 2030 – c'était l'ambitieux pari des organisations internationales. C'est le rebond de notre vieille ennemie : la misère noire.

Nous l'avons déjà dit : la crise de la Covid a fait baisser les émissions de CO_2 d'environ 7 % sur l'ensemble de la période touchée, certaines analyses donnent même des chiffres moins forts, de l'ordre de 5,4 %, peu importe. Cette baisse est bien évidemment due au ralentissement de la production et à la réduction des transports liés aux restrictions des voyages internationaux et aux mesures de confinement. Elle est le corollaire d'une récession économique globale de l'ordre de 4,3 % pour s'en tenir aux chiffres annoncés par la Banque mondiale à fin 2020. Là encore, peu importe.

L'insécurité alimentaire grave, la sous-alimentation chronique, touche environ 768 millions de personnes dans le monde aujourd'hui. 425 millions de ces personnes vivent en Asie, soit plus de 55 % du total avec un accroissement de 85 millions pendant la période de la Covid. Certes les pays d'Asie sont globalement moins pauvres que les pays d'Afrique… mais les Asiatiques, avec près de 60 % de la population humaine totale, sont trois fois et demie plus nombreux que les Africains, ce qui relativise les choses. Il ne vous aura pas échappé que tous les pays les plus pauvres, de catégorie 1, sont africains sauf cinq (Yémen, Syrie, Tadjikistan, Corée du Nord et Afghanistan), mais que ces cinq-là sont tous des pays asiatiques. L'Afrique est bien évidemment la plus touchée en proportion par la famine – et de loin – avec environ 278 millions de personnes gravement sous-alimentées et un accroissement épouvantable de 50 millions de personnes dû à la décroissance liée à la pandémie ! L'Asie et l'Afrique concentrent donc 90 % de l'accroissement de la famine liée à la décroissance Covid. Le reste se répartit entre les pays d'Amérique latine et des Caraïbes. Le triste champion dans cette région est le Venezuela dirigé par le sinistre Nicolas Maduro soutenu bec et ongles par notre Mélenchon national, alors qu'il fait tirer à balles réelles sur sa propre population. Eh bien, sous la houlette de ce populiste de gauche, le Venezuela n'a pas eu à attendre la Covid pour sombrer. La sous-alimentation y est passée de 8,4 % en 2006 à 22,9 % aujourd'hui... Le Venezuela, qui bénéficie pourtant d'une gigantesque manne pétrolière, est devenu le pays le plus pauvre d'Amérique latine !

Revenons-en à la famine absolue dans le monde. Pour faire simple, nous sommes pratiquement revenus aux chiffres de 2006, ce qui veut dire que l'on a perdu en dix-huit mois plus de quinze ans de progrès.

Nous avons fait en grandeur nature l'expérience de la décroissance au niveau global. On a parfaitement pu mesurer l'impact que cela a eu sur les économies de chaque pays, mais le plus important est bien évidemment l'impact de la récession sur les plus pauvres.

Nous l'avons déjà vu, le couperet est tombé, fulgurant. Je me répète, je le sais, mais c'est trop essentiel pour ne pas insister : 150 millions de personnes de plus ont sombré dans la famine et encore 150 de plus dans la misère. Les raisons de cette croissance sans précédent depuis des décennies sont parfaitement claires et connues. La Covid a entraîné une baisse de production et donc de demande de travail et de rémunération qui s'est répercutée en cascade. Les gens les plus pauvres qui ont besoin de travailler chaque jour pour avoir une chance de manger quelque chose ont naturellement été touchés le plus gravement. Le commerce mondial s'est ralenti pour la quasi-totalité des produits en ce compris bien évidemment les produits agricoles et alimentaires en général. La demande est restée la même et l'offre a baissé, les prix ont donc augmenté sur les marchés mondiaux et locaux, non seulement en valeur absolue mais surtout en valeur relative, puisque les revenus de tous et ceux des plus pauvres en particulier s'amenuisaient.

Il fallait donc baisser les prix... on a déjà vu où cela menait. On peut et on doit avoir des politiques d'aide qui permettent l'accès des plus démunis à la nourriture mais pas en baissant directement les prix. Il faut continuer à acheter les productions locales *aux prix mondiaux*, quitte à les redistribuer gratuitement aux populations qui en ont besoin en les complétant avec des produits importés si besoin. En revanche, il ne faut en aucun cas distribuer seulement des produits importés en laissant mourir les agriculteurs locaux sous prétexte que leurs produits n'auraient pas une qualité suffisante ni mettre sur les marchés locaux à prix cassés des produits qui concurrencent l'agriculture locale. Ce type d'aide est nécessaire mais ne peut pas résoudre sur le long terme les problèmes de la malnutrition et de la pauvreté. Il faut continuer à combattre les raisons fondamentales de la pauvreté.

Une première question se pose, la flambée de la pauvreté et de la malnutrition due à la Covid va-t-elle être compensée par la reprise économique ?

Bien que la Covid soit toujours présente, même si elle est moins virulente, l'activité économique – et, avec elle, les émissions de CO_2 – a repris vaille que vaille, mais la croissance est de nouveau troublée par la reprise de la guerre en Ukraine après la première invasion de 2014. L'Ukraine est l'un des greniers du monde, en particulier à destination de l'Afrique. Elle nourrit peu ou prou 400 millions de personnes. On imagine les ravages que cela produit. La guerre a créé un phénomène de quasi-panique sur les marchés des produits alimentaires et a renforcé la hausse des prix entamée lors de la Covid. C'est la raison pour laquelle, malgré la tension maximum qui existe entre les belligérants, un accord a pu être possible pour la reprise des exportations de céréales, mais le mal était loin d'être couvert que les Russes le remettaient en question et des pénuries reprennent dans certains des pays les plus fragiles.

Nous sommes, de plus, confrontés à un nouvel adversaire particulièrement vicieux : l'inflation. Après les flambées de 2022-2023 liées à la reprise économique et aux prix alimentaires et énergétiques mondiaux bousculés par le conflit ukrainien, ce danger de surchauffe qui met en péril la croissance économique semble en voie d'être jugulé dans la plupart des économies développées, mais ce n'est pas général et la vigilance s'impose.

Nous ne savons pas encore comment la situation de la misère absolue et de la faim extrême va évoluer dans les années à venir, mais ce que nous savons d'ores et déjà, c'est que les progrès enregistrés d'année en année sont terriblement fragiles, qu'un dérèglement peut nous faire reculer de plusieurs années d'un coup et que nous allons vers des zones de turbulences économiques, donc de danger pour les plus démunis.

S'il est absolument clair que la pandémie de Covid est responsable du renversement de la tendance et de l'accroissement sans précédent de la misère extrême et de la famine, il n'en reste pas moins que les progrès antérieurs les avaient fait terriblement reculer mais ne les avaient pas encore éradiqués. Si nous nous en tenons aux chiffres pré-Covid, la misère reste de très loin le pire des fléaux qu'il nous faut combattre. À chaque minute qui passe, les effets de la misère sont accablants : sept personnes meurent de malnutrition, trois de la consommation d'eau contaminée par les excréments humains et animaux, trois du fait de la fumée des feux que l'on allume dans les maisons pour se chauffer et se nourrir et une de la malaria. Ce n'est pas parce que c'était encore bien pire auparavant que cela est tolérable aujourd'hui.

Les causes de la misère et de la faim sont parfaitement connues. Elles sont détaillées, là encore, dans le rapport SOFI de 2022. Nous venons de voir que le fléchissement de l'activité économique généré par la Covid a été la cause d'un recul de plus de quinze ans. Plus généralement, le niveau économique général n'est pas encore suffisant pour permettre d'éradiquer la faim et la misère dans le monde. La croissance mondiale, qui seule peut permettre la croissance des pays pauvres, est la seule façon de faire baisser la pauvreté et la faim. Que nous faut-il donc de plus, pour nous en convaincre, qu'un siècle de progrès constants et l'échec de toutes les politiques alternatives qui ont été essayées ? Vous voulez vraiment réessayer la révolution à la Maduro, les folies maoïstes ou celles de la collectivisation à la soviétique ?

La croissance globale – et non cette folie de la « décroissance heureuse » des pays riches – est donc une nécessité vitale, mais elle ne suffit pas. Il faut pouvoir assurer de manière pérenne l'accès des populations à une alimentation saine et abondante dans des conditions économiquement viables et bénéficiant de chaînes d'approvisionnement efficaces.

Il est également nécessaire que les inégalités de revenus ne conduisent pas à confisquer la richesse d'un pays au profit d'une petite minorité d'aristocrates et de propriétaires terriens nantis et improductifs, laissant une grande part de la population dans la misère comme cela a été longtemps le cas dans certains pays d'Amérique latine. Il faut aussi enrayer les conflits armés. Non seulement les populations qui habitent les territoires en guerre sombrent dans la misère, comme au Yémen, en Syrie ou en Afghanistan, mais, au-delà des zones de guerre, les conflits déstabilisent l'approvisionnement alimentaire et perturbent la croissance, comme la guerre en Ukraine. Enfin, si le réchauffement climatique n'a encore qu'une influence directe limitée sur la grande pauvreté, en revanche les phénomènes climatiques extrêmes (sécheresses, canicules, fortes pluies...), qui sont de plus en plus fréquents et résultent en partie du réchauffement climatique, ont un impact significatif sur la pauvreté et la faim.

Toutes ces menaces sont réelles et importantes mais, ne nous y trompons pas, le facteur essentiel de la faim reste la pauvreté. Le premier des impératifs auxquels il nous faut répondre est donc d'améliorer par la croissance économique le niveau de vie des plus pauvres en privilégiant la productivité agricole locale dans des conditions économiquement viables pour l'agriculteur comme pour la population qu'il nourrit et si possible sans consommer trop d'eau ni déforester à tout-va.

Pour l'eau, les systèmes d'irrigation type goutte à goutte – ou presque – sont aujourd'hui suffisamment au point pour être déployés, mais on est encore loin de l'avoir fait en suffisance. Si l'on parvient à mettre en place ces infrastructures-là, le problème de la pénurie d'eau sera résolu quasiment partout. Reste la question de la productivité agricole. C'est la clé qui a fait régresser la famine dans le monde malgré la croissance exponentielle de la population… et sans déforester à tout-va. Les deux principaux facteurs, nous le savons déjà, ont été la sélection des variétés à l'initiative du grand Borlaug et l'utilisation des engrais azotés. Il faut encore faire un effort supplémentaire, mettre au point des variétés qui poussent mieux dans des conditions plus difficiles, qui peuvent se passer au moins en partie de produits phytosanitaires chers, polluants et, pour certains, dangereux pour la santé humaine, et qui requièrent moins d'engrais, etc.

Permettez-moi donc d'être de nouveau en marge de la mode et d'oser poser quelques questions sur les OGM pour lesquelles je n'ai pas vraiment de réponses mais que je vous propose comme éléments de réflexion.

D'abord j'aimerais comprendre pourquoi on interdit en France de cultiver des OGM alors que la quasi-totalité de la viande que nous consommons est nourrie à base de soja OGM que nous importons. Si les OGM sont mauvais dans les plantes, comment la viande nourrie aux OGM peut-elle être bonne ? Pourquoi est-il meilleur d'importer du soja OGM plutôt que de le produire chez nous ?

Par ailleurs, on nous dit que le principe de précaution impose que nous bannissions les organismes OGM de nos champs et de nos assiettes, même si leur toxicité n'est pas avérée. Mais aux États-Unis, en Argentine, au Canada, au Brésil, en Chine, au Paraguay, en Afrique du Sud, en Inde, en Australie, en Colombie, au Portugal, en Espagne et ailleurs, on cultive et on consomme des OGM de manière intensive depuis un quart de siècle – le début de la commercialisation des OGM date de 1996 – et, pourtant, il n'y a pas de pathologies particulières qui se soient développées, si ce n'est l'obésité qui n'est pas due aux OGM mais à la consommation de produits alimentaires trop transformés, trop gras, trop sucrés, etc. Avec plus de vingt-cinq ans de consommation par des centaines de millions de personnes sans effet sanitaire mesurable, pourquoi avons-nous besoin d'une démonstration supplémentaire de leur innocuité ?

Une autre question se pose au sujet des OGM. Est-il acceptable que des firmes comme Monsanto puissent s'approprier le vivant ? C'est en effet une question importante… mais elle ne ressort pas des OGM par nature. C'est une question de réglementation et de retour sur investissement. Il ne s'agit pas d'être des ultralibéraux fanatiques. Le rôle des États est de réglementer ce genre de choses. On peut sans doute obliger les producteurs de semences à laisser les paysans ressemer les graines qu'ils auront produites à partir de leurs plantations OGM, à condition toutefois que les producteurs soient indemnisés, le cas échéant par les États, de sorte que les investissements consentis soient normalement rentables.

Bref, je ne souhaite pas être affirmatif sur ce sujet dans ces pages, tel n'est pas leur but, mais la diabolisation des OGM me semble suspecte. Il me semble possible que les OGM puissent apporter des réponses adaptées à la déforestation, à l'utilisation des terres arides, à l'avancée des déserts, à l'excès de produits phytosanitaires et d'engrais dont la toxicité m'apparaît bien plus avérée que celle des OGM.

Tout ce qui peut contribuer à faire reculer la faim et la misère me semble devoir être étudié sans *a priori* et sans tabou car c'est vraiment la priorité absolue à laquelle nous devons nous atteler…

768 millions de personnes en état de famine, 150 millions de plus en dix-huit mois du fait de la Covid… Tout est dit.

Les pandémies et les guerres

Les grandes épidémies… on croyait y avoir définitivement échappé. C'était un peu une vue de l'esprit mais on avait fini par y croire. Il y avait bien eu les grippes aviaires et Ebola mais on était arrivé à juguler tout cela de main de maître. Le Sida semblait loin et son mode de contamination par le sang ou les pratiques sexuelles semblait en limiter le risque pour le commun des mortels.

On avait bien lu ici et là que le Sida avait fait plonger la durée de la vie dans certains pays africains, allant jusqu'à faire perdre près de quinze ans d'espérance de vie moyenne au Zimbabwe ou au Botswana, mais on avait entendu ailleurs que l'allongement de la durée de la vie avait repris pour regagner sept ans en moyenne en Afrique. Cela ne voulait pas dire qu'on avait éradiqué le Sida mais qu'il avait reculé, qu'on arrivait à en modérer les effets par la trithérapie qui permet aux malades de vivre presque normalement et qu'on avait fait des progrès sanitaires sur le front d'autres maladies, alors on ne s'inquiétait pas trop.

Et puis il y a eu la Covid.

Alors, certes, ce n'est pas la peste noire, mais c'est une sérieuse alerte. Si l'on s'en tient à l'épidémie « principale », on compte plus de 600 millions de cas, 6 millions et demi de morts directs dans le monde entier. On n'avait rien vu de pareil depuis la grippe espagnole... il n'y a pas si longtemps. On croyait que l'on était en train de venir à bout des grandes maladies infectieuses. Celles qui restaient, on allait les éradiquer. Ce n'était plus que des maladies de pauvres ; elles reculeraient donc avec la pauvreté et dans les années 2030 tout cela allait être réglé. On allait se concentrer sur les maladies dégénératives qui se développaient en même temps que le grand âge gagne du terrain, les cancers dont l'incidence diminue, Alzheimer...

Bien sûr, il y avait çà et là des épidémies, mais aucune n'avait osé prendre la forme terrible d'une pandémie mondiale. Le choléra était resté au Yémen, la fièvre jaune au Brésil, le SRAS en Chine, Zika en Amérique latine, MERS-CoV en Arabie Saoudite, Ebola en Afrique de l'Ouest. Malgré le développement des alertes depuis une dizaine d'années, on ne croyait plus trop à l'avenir des maladies infectieuses. H1N1 (la grippe aviaire) avait bien essayé de jouer les stars mondiales mais cela n'avait pas réussi à nous inquiéter vraiment. Les antibiotiques et les vaccins jumelés avec l'amélioration de l'hygiène, en particulier dans les hôpitaux, nous protégeaient.

Force est de constater qu'il est possible que des agents pathogènes vraiment dangereux et terriblement contagieux se fassent jour. Cela se produit soit parce qu'on découvre un agent qui existait mais dont on ignorait l'existence, soit parce qu'un agent sort de la zone géographique qui était la sienne, on y reviendra, soit enfin parce que l'agent pathogène existait chez l'animal mais se modifie suffisamment pour passer la barrière des espèces et devenir virulent contre l'homme. Ce sont les zoonoses. C'est le cas de la Covid et du Sida. On pourrait aussi envisager des mutations volontairement ou imprudemment créées par l'homme, mais admettons que cela ne relève à ce stade que d'une théorie complotiste.

Tout cela arrive – pas tous les jours mais quand même – et il arrive aussi que, dans certains cas, les choses dégénèrent en pandémie parce que nous ne savons pas les endiguer. C'est particulièrement le cas lorsque la maladie concernée provient de virus dont le code est un acide ribonucléique (ARN) à un seul « brin » et non un acide di-ribonucléique (ADN) à deux brins entrelacés comme le reste du vivant. En présence d'ADN, une mutation est possible mais elle suppose qu'elle affecte en même temps les deux brins de l'ADN qui fonctionnent en miroir (G en face de C et A en face de T[1]). Lorsqu'il n'y a qu'un seul « brin », ce qui est le cas des virus ARN, la limitation de l'effet miroir ne joue évidemment pas. Les mutations sont beaucoup plus rapides et nombreuses, ce qui rend la création d'un vaccin ou d'un traitement beaucoup plus hasardeuse. En gros, on travaille mais, quand on trouve une solution, on a plusieurs métros de retard. On l'a bien vu avec la Covid et avec l'impossibilité de développer un vaccin contre le Sida malgré les fonds colossaux alloués à la recherche.

Les pandémies ne sont pas nouvelles et nous avons déjà dit que nous étions loin de la peste noire, de sinistre mémoire, qui a tué près du tiers de la population en Europe au

1. Voir, du même auteur, *Il était Temps*, *op. cit.*

XIVe siècle. Certains estiment que les risques de survenance de tels virus ARN difficiles à endiguer sont augmentés par l'activité humaine. Selon eux, le réchauffement climatique libérerait des agents pathogènes jusque-là bloqués dans les terres gelées de manière permanente, notamment en Sibérie (le permafrost). Il se pourrait également que la déforestation réduise l'habitat de certaines espèces, ce qui augmenterait les contacts entre la faune sauvage et l'homme, donc le risque de survenance de nouvelles zoonoses. Rien de tout cela n'est bien démontré pour le moment.

De même, on souligne que l'intensification des transports internationaux facilite la propagation des pandémies. C'est sans doute exact en termes de rapidité mais au bout du compte c'est la contagiosité qui est déterminante. La peste noire et la grippe espagnole se sont développées comme la Covid mais à des époques où les échanges internationaux n'avaient aucun rapport avec ce qu'ils sont aujourd'hui. La peste noire au XIVe siècle fut pire que la grippe espagnole au début du XXe qui fut pire que la Covid actuelle. La dangerosité de chacune de ces trois pandémies est donc, en fait, inversement proportionnelle à la fréquence et à la rapidité des transports.

Force est de constater qu'une nouvelle pandémie à grande échelle s'est produite, faisant suite à la grippe espagnole mais en faisant beaucoup moins de dégâts. Si l'on retient la fourchette haute des évaluations de la grippe espagnole en 1918-1919, soit 100 millions de morts directes, et sachant que la population mondiale était de l'ordre de 1,8 milliard de personnes à cette époque, cette pandémie a été 50 fois plus virulente pour l'homme que la Covid… La peste noire, quant à elle, a été des centaines de fois plus virulente que la

Covid. Si on fait rapidement le tour des sept grandes pandémies que l'humanité a connues au cours de 1 500 dernières années – eh oui, « seulement » sept –, on obtient dans l'ordre chronologique la peste de Justinien au VIe siècle, la grande peste noire au XIVe, la variole au XVIe, la résurgence de la peste au XIXe puis la grippe espagnole, le Sida et la Covid. La Covid est la moins meurtrière des sept si l'on en croit les chiffres officiels. *Yersinia Pestis*, la bactérie responsable de la peste, reste à ce jour l'ennemi n° 1 du genre humain mais c'est une « simple bactérie » et on est arrivé à l'éradiquer – enfin – au mitan du XXe siècle.

Ce qui a changé, ce n'est ni la virulence, ni la déforestation, ni le dégel, ni les transports ou encore l'accroissement du phénomène urbain ou l'extension des zones où l'on trouve des moustiques pathogènes du fait du réchauffement climatique… Non, ce qui a changé, c'est que nous prenons conscience qu'une pandémie est possible malgré nos progrès technologiques et sanitaires.

Ce qui a changé aussi, c'est que nous avons eu trois pandémies en l'espace de cent ans et c'est, pour le coup, tout à fait nouveau et même sans précédent.

On a mis en place des veilles épidémiologiques concernant les principales maladies infectieuses, mais on ne sait pas d'où proviendra le prochain coup, ni quand et surtout s'il s'agira ou non d'une maladie virale. On ne sait pas si une quatrième pandémie « moderne » est possible dans les années qui viennent. Il faut bien mesurer que les effets de la Covid dépassent de loin les quelques 6,5 millions de morts directes officiellement avouées (les Chinois, qui ont le triste privilège d'avoir abrité le berceau de la pandémie, prétendent n'avoir eu que 5 000 morts sur l'ensemble de la Chine continentale, soit deux fois moins que sur le seul minuscule territoire de Hong Kong également soumis à leur juridiction. On croit rêver !). Il faut y ajouter les morts indirects, c'est-à-dire ceux qui ont négligé ou n'ont pas pu se soigner pour le cœur, le diabète ou autres pendant le confinement, mais il faut surtout ajouter, nous l'avons largement vu, l'accélération gigantesque de la famine et de la pauvreté qui a résulté de la Covid et qui en est de loin la conséquence la plus dramatique.

Même si l'on ne peut pas dire que les morts directs qu'entraîne le risque pandémique représentent à date un risque majeur, l'accroissement de la faim et de la pauvreté qui en est résulté en fait bien le second risque le plus grave auquel nous sommes aujourd'hui confrontés car il renforce considérablement le risque no 1 qui est celui de la faim et de la misère. Ce sont Charybde et Scylla.

Nous ne savons ni prédire ni vraiment gérer le risque pandémique. Les « précautions » prises pour l'atténuer peuvent s'avérer plus dévastatrices que la maladie elle-même.

L'autre danger du passé qui ressurgit aujourd'hui est la guerre.

La perception quasi générale est que les conflits se multiplient un peu partout sur Terre et que le monde n'a jamais été aussi violent qu'aujourd'hui.

Cette perception était, jusqu'il y a peu, exactement à l'inverse de ce qui s'est passé dans les faits. Cela reste largement vrai. C'était tellement vrai que nous pouvions espérer être en mesure d'éradiquer la guerre dans les années à venir… si nous aussi nous extrapolions sur les courbes du passé pour tenter de prédire un avenir bien incertain… mais Monsieur Poutine et le conflit d'Israël contre le Hamas sont là pour nous montrer qu'il faut se méfier de l'extrapolation des courbes.

En effet, la guerre a disparu entre tous les membres actuels de l'Union européenne (et l'Angleterre) depuis 1945. Ces mêmes États se livraient, depuis la fin de l'Empire romain, en moyenne à deux conflits… par an ! Ailleurs, la guerre froide s'est terminée dans les années 1990 juste après la fin du grand conflit Iran-Irak passé quasi inaperçu chez nous. Il restait une kyrielle de « petits » conflits locaux qui se sont progressivement éteints, parfois pour reprendre, mais globalement, si l'on jette un œil sur l'évolution depuis un siècle, les résultats sont frappants.

On trouve plusieurs séries d'estimations qui proposent des périodes de référence et des chiffres assez différents. Selon les estimations les moins favorables, qui minimisent les morts passés et maximisent les morts actuels, la période 1914-1947 aurait fait de 100 à 200 millions de morts directs du fait de guerres, c'est-à-dire de 3 à 6 millions de morts par an environ tandis que nous serions depuis une vingtaine d'années aux alentours de 50 000 morts par an. Si l'on prend les deux extrêmes inverses, les estimations donnent environ 15 millions de morts par an de 1920 à 1960 tandis que nous serions tombés à 30 000 morts par an de 2000 à 2018. Notre propos n'est pas de trancher ces querelles de spécialistes mais de souligner que tous ces chiffres font bien apparaître la même tendance. Le nombre de morts de guerre a baissé par un facteur bien supérieur à 100 alors que la population de la planète se multipliait par quatre. Même en incluant les actuelles guerres en Ukraine et dans la bande de Gaza, nous vivons, de loin, la période la plus pacifique de toute l'histoire humaine.

Merveilleux ! Pourquoi s'inquiéter, alors !

D'abord parce que c'est toujours beaucoup trop de morts, de blessés, de malheurs, de destructions, de déplacements de population… mais surtout parce que nous voyons ressurgir de vieux démons sous une forme préoccupante et qui génère un risque tout à fait nouveau.

Au cours des vingt dernières années, les principaux conflits n'étaient que rarement des guerres au sens traditionnel, c'est-à-dire des conflits « interétatiques » où un ou plusieurs États s'en prennent militairement à un ou plusieurs autres. Il en existait, bien sûr, comme le conflit récurrent entre le Cambodge et la Thaïlande pour le découpage de leur frontière, mais c'était devenu l'exception. C'est la raison pour laquelle, pour rendre un peu mieux compte de l'insécurité guerrière, on déborde de la définition stricte de la guerre pour prendre en compte l'ensemble des conflits armés opposant des États avec un ou plusieurs groupes armés organisés. C'est la définition retenue notamment par l'Institut international de recherche sur la paix de Stockholm (SPIRI).

La plupart des conflits armés sont aujourd'hui non plus interétatiques mais « intra-étatiques », pour reprendre le terme de Duroselle, ce qui est un peu plus large que l'expression réductrice de « guerre civile ». Cela regroupe les anciens conflits coloniaux disparus dans la seconde moitié du XXe siècle mais surtout pour être plus actuels, les guerres civiles proprement dites comme en République démocratique du Congo, les génocides comme au Soudan et les conflits intra-étatiques « internationalisés » comme les opérations dites de paix ou de stabilisation qui sont le plus souvent menées à bien par des forces étrangères, généralement internationales à la demande et/ou avec l'appui des gouvernements en place comme en Syrie ou en Afghanistan.

Chacune de ces catégories de conflits armés est notoirement en baisse depuis le début du XXIe siècle. Globalement cette tendance se maintient, mais l'inquiétude vient, depuis quelques années, de la résurgence de guerres traditionnelles « interétatiques » (même si elles tentent cyniquement de se parer des couleurs du maintien de la paix). C'est le cas, en particulier, des opérations menées par la Russie contre ses voisins au premier rang desquels l'Ukraine en 2014 et depuis février 2022. Il y a aussi, dans un ordre d'idée différent, le conflit de la bande de Gaza. Le fait que l'Autorité palestinienne reconnue par 135 États ne soit pas par elle-même un État au sens juridique du terme n'empêche pas de considérer le conflit de la bande de Gaza comme un conflit interétatique.

La Russie est un géant géographique extraordinairement mal géré sur le plan économique malgré l'abondance de ses ressources. Elle dispose du premier arsenal nucléaire mondial avec 6525 ogives. Pour se donner une idée, notons que les États-Unis en ont à peu près 5500 ; la Chine, 350 ; la France, 290.

Il arrive à des puissances nucléaires de se retrouver en guerre, bien entendu. La France, par exemple, a mené, de 1995 à 2022 compris, 106 opérations militaires extérieures de toute nature dont l'opération « Barkhane » au Sahel, « Chammal » en Irak ou la mission « Aigle » en Roumanie depuis mars 2022 dans le cadre du renforcement défensif clairement tourné contre la Russie.

La dissuasion nucléaire, qui a évité au monde l'embrasement entre les États-Unis et l'URSS à l'époque de la guerre qui a eu le bon goût de rester « froide », n'est d'aucun secours contre une guerre d'annexion comme celle que mène la Russie en Ukraine… en attendant qu'elle ne s'approprie tout ou partie des autres anciennes républiques soviétiques. Sur le plan de la guerre conventionnelle, la Russie a une résilience quasi inépuisable. On a beau dire que leurs armes sont obsolètes, les Russes disposent des infrastructures et de la culture nécessaires pour les produire en masse et se maintenir bon an mal an sur le terrain. La débauche de moyens financiers et matériels qu'on leur a opposés les a sans doute stoppés mais ne leur fait pas rendre les territoires annexés.

Si les Russes gagnent, le risque d'extension devient clairement incontrôlable. Si les Russes perdent, le risque de réaction irrationnelle et/ou désespérée, y compris nucléaire, devient très important. Par ailleurs, personne ne souhaite que la guerre s'éternise. Cela ressemble furieusement à une impasse. On sera tous obligés d'accepter une position de compromis que les Ukrainiens aujourd'hui refusent massivement. Cela prendra donc du temps.

La position russe envoie au monde un signal dangereux. D'autres puissances nucléaires sont ou peuvent être dirigées par des dictateurs représentant un vrai danger. Outre Poutine, c'est le cas de Kim Jong-un, le troisième avatar de la famille royale communiste de Corée du Nord. Qui peut dire qu'il ne préférera pas l'apocalypse nucléaire à la disparition de son État absurdement dysfonctionnel ? La Chine a eu Mao, la Russie Staline – et Poutine –, dans une moindre mesure les États-Unis ont eu Trump et le Royaume-Uni Boris Johnson, mais les démocraties ont l'avantage de créer des contre-pouvoirs pour limiter le risque que les populistes de droite comme de gauche créent nécessairement.

Il ne s'agit pas seulement – et peut-être même pas principalement – du risque de feu nucléaire, tant les représailles sont dissuasives. Il s'agit de la possibilité, pour des puissances nucléaires, de se lancer dans des guerres interétatiques conventionnelles. Ils ne le feront sans doute pas contre des adversaires détenteurs de la bombe, eux aussi. En revanche, les pays nucléaires peuvent se battre contre des pays seulement détenteurs d'armements conventionnels comme la Russie en Ukraine, certes, mais aussi comme les États-Unis et quelques alliés l'avaient fait en Irak ou comme l'avait fait avant eux, mais avec plus juste raison, le Royaume-Uni contre l'Argentine à l'époque de la crise des Malouines. C'est également le cas d'Israël dans la bande de Gaza à la suite des attentats du 7 octobre 2023, perpétrés pour relancer une guerre qui s'était peu à peu éteinte dans l'indifférence.

Il est clair que ce risque de guerres conventionnelles, y compris avec des puissances nucléaires, s'accroîtra si les Russes ne sont pas repoussés en Ukraine… et il est probable qu'ils ne le soient pas tant qu'ils s'appuient sur les enclaves largement russophones dont ils ont chassé ou massacré les ukrainophones. Rappelons au passage que l'ukrainien n'était parlé que par un peu moins de 50 % des habitants de l'Ukraine avant le conflit.

Outre l'esprit traditionnel de conquête russe, tout le monde a en tête le risque de guerre entre la Chine et Taïwan, voire de guerre navale entre la Chine et les États-Unis dans le Sud-Est asiatique, mais on peut imaginer une foule d'autres scenarii. Il pourrait s'agir de la reprise du conflit toujours larvé entre l'Inde et le Pakistan, tous deux puissances nucléaires, une résurgence des conflits au Moyen-Orient, que ce soit des États arabes contre Israël, de l'Iran contre l'Irak ou autre.

Que peut-on espérer pour tempérer ce risque accru ?

Il faut d'abord une solution au conflit ukrainien qui ne laisse pas la Russie manifeste vainqueur comme elle l'a été en 2014 en Crimée, ce qui l'a encouragée à recommencer.

Israël, pour sa part, n'a pas les mêmes vues expansionnistes que les Russes. Elle occupe depuis plus de cinquante ans les territoires de Cisjordanie essentiellement pour des raisons militaires stratégiques assez évidentes. Cette occupation est une violation du droit international, mais, quoi qu'en disent parfois les gouvernements israéliens de gauche, ils n'en partiront jamais. Quant au conflit actuel dans la bande de Gaza, les attaques du 7 octobre et les prises d'otages ont été d'une telle violence que personne ne pourra arrêter Israël avant qu'elle n'ait totalement détruit le Hamas, quelles que soient les pertes civiles et militaires que cela induit, et ce n'est pas le soutien du Hezbollah depuis le Liban qui les dissuadera d'aller jusqu'au bout, bien au contraire.

Que pouvons-nous faire face à cette nouvelle menace de reprise à grande échelle des conflits interétatiques ? Au niveau étatique, nos moyens d'action sont certes limités mais pas nuls, et ils le sont d'autant moins que la menace nous concerne de près. Il faut maintenir une force non seulement de dissuasion (elle diminue très sensiblement le risque de conflit sur notre territoire) mais aussi d'intervention lorsque la paix est menacée par des groupes armés comme Daesh. C'est plus délicat quand il s'agit d'États sans doute voyous mais nucléaires comme la Russie. La paix ne se fait pas qu'avec des roses et le résultat des interventions de paix musclées au niveau international, même s'il est loin d'être parfait, montre que c'est le moyen le plus efficace pour faire un barrage, sans doute insuffisant mais indispensable, aux forces barbares. Une intervention internationale massive, mais pas une guerre des alliés de l'Ukraine contre la Russie, a permis d'arrêter les Russes mais pas de les déloger de leurs premières conquêtes… Quant au conflit de Gaza, il dépasse les possibilités d'action actuelles. On verra ce qui pourra se faire quand le Hamas n'aura plus aucun otage entre ses mains… En attendant, le conflit continuera.

Ces moyens-là sont entre les mains des États et des organisations internationales, mais nous devons nous aussi agir à notre niveau.

Comme citoyens du monde, nous devons non seulement soutenir nos forces armées qui sont le bouclier de la paix malgré quelques ratés. La confiance dans son armée et dans l'action internationale est à fort juste titre le sentiment très majoritaire des Français. Tant mieux.

Il faut aussi que nous contribuions, chacun à notre place, à continuer à rendre le monde meilleur et la guerre toujours moins « acceptable ».

En tout premier lieu, il faut pour cela que la dénonciation politique et morale des conflits armés en général remonte dans l'ordre de nos priorités. Le réchauffement climatique est un sujet qui doit nous concerner et sur lequel nous devons agir, mais le combat contre la faim et la misère d'abord, contre la guerre ensuite et la préparation contre les pandémies constituent des priorités plus importantes encore. Il faut que notre attitude contraigne les médias et les politiques à remettre les choses dans l'ordre au lieu de nous concentrer de manière psychotique sur le seul sujet du climat – que nous ne devons pas pour autant négliger. Ne pas hiérarchiser correctement les priorités, c'est se perdre.

Quel doit être notre message ?

Il faut se défaire de l'image de la guerre « fleur au fusil », de la guerre acceptable, voire souhaitable. La guerre n'est pas une chose noble et honorable qui nous permet d'acquérir la gloire des armes. Les empires ont été démantelés et la guerre qui était un mode normal de gouvernement est devenue un crime, sauf lorsqu'il s'agit de se défendre directement ou indirectement en intervenant quand c'est nécessaire. On est passé du ministère de la Guerre au ministère des Armées puis au ministère de la Défense. Toute une évolution. La guerre n'est plus une calamité inévitable, elle devient une monstruosité horrifiante, et stupide. Elle va à l'encontre du respect de l'homme, des normes humanitaires et des droits de la personne. Elle devient inenvisageable quoi qu'en disent les nationalistes, les populistes et les fanatiques de tout poil. Elle doit nous apparaître comme totalement obsolète et, pour tout dire, comme une alternative tellement absurde et incongrue qu'elle doit être d'emblée exclue.

Pour que cette tendance s'accentue, il faut d'abord éviter de se laisser entraîner par la haine que les terroristes de tout poil depuis les Brigades rouges en Italie jusqu'aux islamistes d'aujourd'hui essaient de nous insuffler. Il faut protéger notre « vivre-ensemble », ne pas nous laisser « libaniser ».

Il faut aussi militer pour la démocratisation des États. C'est un processus long et complexe qui s'oppose à des contre-forces puissantes, culturelles, religieuses, politiques, économiques, familiales et autres. Quelques exemples nous montrent le chemin immense qu'il reste à parcourir. La Chine n'est pas forcément appelée à devenir une démocratie rapidement. Cela fait cinq mille ans qu'elle est une dictature. Ne parlons même pas de la Russie qui, elle non plus, n'a jamais goûté à la démocratie. Il peut aussi arriver que des révolutions populaires fraîches et courageuses qui nous avaient remplis d'espoir se soient révélées décevantes. Ce fut le cas des printemps arabes qui se sont jetés dans les bras des islamistes. Il y a même le guêpier syrien où nous avons dû combattre – avec des pincettes mais quand même – au côté de Bachar el-Assad, l'un des pires dictateurs de la planète, pour faire pièce à l'encore plus désastreux État islamique. Il n'empêche que globalement le mouvement est en marche. Nous y reviendrons un peu plus tard mais notez dès à présent ce point essentiel : il n'y a *jamais* de conflit armé entre deux démocraties.

Si l'on veut faire pièce à la guerre, l'émergence de régimes politiques plus libéraux doit aller de pair avec une économie de plus en plus mondiale et interdépendante. L'augmentation du libre-échange a toujours été la meilleure des entraves à la violence des États. On ne peut pas être ennemis avec nos clients, même pas avec les alliés de nos clients. Si la Russie était intégrée à l'économie mondiale au niveau qui devrait être le sien vu sa taille et ses ressources, au lieu d'avoir un PIB bien inférieur à celui de l'Italie, il n'y aurait pas de guerre en Ukraine.

Il faut reprendre et consolider ce que les générations passées et nous-mêmes avons entamé. C'est notre devoir vis-à-vis des générations futures. Pour cela, nous devons avoir une démarche ouverte, joyeuse, déterminée, enthousiaste et sûre d'elle-même, s'appuyant sur une mondialisation qui crée des circuits de partage du commerce et des communications, circuits qui permettent aussi le partage de la science et des idées. Il ne faut surtout pas nous confiner dans une morosité blafarde en nous considérant nous-mêmes et l'ensemble de l'humanité comme des ennemis de la planète et nous abstenir de faire des enfants pour ne pas la dégrader plus avant.

Le réchauffement et la diversité de la vie

Reprenons calmement.

Oui, le réchauffement climatique existe et il va se poursuivre. C'est un phénomène qui a commencé il y a douze mille ans, même s'il a connu une « pause » avec une microglaciation du milieu du XIVe siècle et au début du XXe siècle.

Oui, nous avons gagné 1 °C de température en un peu plus d'un siècle et le mouvement s'accélère, mais le point de référence se trouve à la fin de cette « mini-ère glaciaire » et donc à un niveau « anormalement » bas. Par ailleurs, la température a augmenté de 0,6 % de 1910 à 1940, période où l'émission de CO_2 par l'homme était infiniment moindre qu'elle ne l'est aujourd'hui, puis elle a baissé de 0,6 % des années 1940 aux années 1970 alors que les émissions de CO_2 augmentaient de manière phénoménale. C'est tellement vrai que, dans ces années-là, la plupart des scientifiques nous prouvaient, démonstrations chiffrées à l'appui, que nous allions vers une nouvelle ère glaciaire et que nous aurions perdu plus de 3 °C de température à l'horizon 2020 !

Oui, le niveau des mers monte et la glace fond, même si les îles qui étaient censées être les plus à risque ont vu leur surface croître, si les glaces de l'Arctique qui devaient avoir définitivement fondu en 2014 sont toujours là et si la calotte glaciaire augmente en Antarctique qui est un glacier continent bien plus grand que l'Arctique.

Oui, la concentration de CO_2 augmente, même si l'homme n'est responsable que de 2 % des émissions de ce gaz qui ne représente que 0,04 % de l'atmosphère et que le principal gaz à effet de serre est de très loin la vapeur d'eau.

Oui, la réalité n'est pas univoque et les faits sont têtus.

Ce n'est pas parce qu'on essaie de changer de perspective en rappelant certains faits indéniables, en replaçant les choses dans leur contexte historique et en essayant de remettre les priorités dans l'ordre, que la morale la plus élémentaire nous impose qu'on est nécessairement un climatosceptique ou un rassuriste.

Pourquoi peut-on être sûr que l'activité humaine joue un rôle majeur dans le réchauffement climatique ?

Parce que le cycle du carbone est une chose infiniment complexe. Pour faire simple, la nature émet et absorbe du CO_2 en quantités équilibrées. Même si le CO_2 « anthropique » – produit par l'homme – est très marginal par rapport à l'ensemble du cycle naturel – environ 2 % – et même si le CO_2 est un gaz à effet de serre secondaire par rapport à la vapeur d'eau, il n'en demeure pas moins que l'émission de gaz à effet de serre par les activités humaines est la seule variable de cette équation complexe qui change. Notre planète se réchauffe et se réchaufferait en tout état de cause. Il est probable qu'elle se refroidira plus tard puis se réchauffera à nouveau comme elle l'a fait depuis des milliards d'années. Ce qui est inquiétant, c'est la rapidité du phénomène, or c'est justement la rapidité du phénomène qui est aggravée de manière sérieuse par les rejets croissants de CO_2.

Si la diminution significative des émissions de CO_2 du fait de la crise Covid n'a eu aucun effet mesurable sur le climat, c'est qu'une stabilisation du réchauffement supposerait une stabilisation, voire une réduction de la quantité de CO_2 dans l'atmosphère. La réduction des émissions n'a pas conduit à réduire le taux de CO_2 dans l'atmosphère, elle n'a fait que ralentir son accroissement.

Nous avons vu qu'il n'est absolument pas souhaitable ni que la mondialisation disparaisse ni que la croissance économique mondiale ralentisse. Il ne faut absolument pas militer dans le sens de ces folies car ce serait le plus sûr moyen de faire exploser la pauvreté comme cela a été le cas pendant les années Covid, contrairement aux décennies qui les ont précédées. Il ne faut pas tuer le malade en essayant de le guérir.

Nous avons vu que des solutions technologiques existent avec, en particulier, la lumière extrême, les centrales nucléaires de 4e génération et *a fortiori* les futures centrales à fusion, mais leur mise en œuvre va nécessairement prendre du temps. D'une part, il faut que ces solutions soient développées au niveau industriel et à grande échelle dans des conditions économiques qui les rendent au moins aussi attractives que le recours aux énergies fossiles – on en est encore loin – et, d'autre part, il faut que les infrastructures soient adaptées pour que l'énergie nucléaire remplace partout le charbon, le gaz et le pétrole. Cela suppose le déploiement de petits moteurs nucléaires autonomes et la multiplication des infrastructures de distribution électrique. Encore faut-il qu'en parallèle on mette au point des batteries plus performantes, plus rapides à charger, assurant une meilleure autonomie et moins gourmandes en terres rares que celles que nous connaissons aujourd'hui.

Bref, si on peut être raisonnablement confiants sur le fait que tout cela se mettra en place, on doit quand même s'interroger sur ce qui se passera en termes de réchauffement climatique dans l'intervalle… et même après, car, en supposant que l'on arrive à juguler les émissions de gaz à effet de serre par l'homme, cela ne signifie pas que le réchauffement s'arrêtera. Il est même assez probable que ce ne sera pas le cas. On peut raisonnablement estimer avec le GIEC qu'il se ralentira, ce qui le rendra plus gérable pour l'humanité. À long terme et même si nous atteignons la neutralité carbone, il restera nécessaire que nous nous adaptions à une planète plus chaude que ce qu'elle est aujourd'hui, jusqu'à ce que la nature dans des temps très lointains décide de prendre le chemin du refroidissement, ce qui posera des difficultés encore pires que celle du réchauffement climatique, mais ce sera une autre histoire.

Le monde économiquement mondialisé est politiquement divisé. Les États souverains décident chacun de leur côté de la politique qu'ils entendent suivre. C'est un danger car les égoïsmes locaux, exacerbés par les populistes de droite comme de gauche, restent la première des motivations de leurs actions, sans parler de l'incapacité de certains dictateurs de Maduro à Kim Jong-un et des préjugés des extrémistes religieux qui s'étalent sur la large palette qui va d'Erdoğan aux talibans en passant par les ayatollahs du régime iranien.

Et pourtant, pourtant, la mondialisation dépasse les plans économique et moral pour devenir – timidement – une réalité politique lorsque les problèmes qui se posent ne peuvent se résoudre que de manière globale. Le premier exemple n'est pas récent. Il s'agit de l'accord de Montréal en 1987 qui a conduit à bannir mondialement les gaz « CFC » responsables du « trou » dans la couche d'ozone qui exposait le monde aux brûlures des rayons ultraviolet B émis par le Soleil. Trente-six ans après, force est de constater que c'est un succès. Il est dommage que, dans le cocktail permanent de reproches qu'on nous assène sur l'irresponsabilité des humains face aux enjeux climatiques, on oublie systématiquement de mentionner cette indéniable victoire remportée sur un risque bien plus grave encore que celui du réchauffement climatique.

Il en va de même avec le bilan carbone. Les accords de Paris fin 2015, qui sont contraignants pour les États, ont été signés par les 193 pays participant à la COP 21. Ils déterminent le cadre de la neutralité carbone qui doit être atteinte au milieu de ce siècle sans pour autant bloquer le nécessaire développement des pays les moins riches. Ces accords sont un peu partout conspués comme étant insuffisants mais, dans le monde qui est le nôtre, ils représentent un succès remarquable. Le départ des États-Unis à l'initiative de Trump, fort heureusement renié par Biden, a montré à quel point ils avaient de la valeur et qu'il fallait les soutenir plutôt que de se cantonner toujours dans une position de mépris moralisateur qui fustige le « blablabla » des « soi-disant dirigeants du monde », pour paraphraser Greta Thunberg.

Tout a commencé par de très vagues accords en 1992 qui se sont affinés avec le Protocole de Tokyo en 1997 avant d'arriver aux accords de Paris lors de la COP 21. La COP 26 qui s'est tenue à Glasgow a été la première occasion de faire le point sur la réalité des engagements effectifs des États signataires qui sont jugés à l'aune – très optimiste – de l'objectif gravé dans le marbre par les accords de Paris, d'un réchauffement climatique limité à 1,5 °C.

Dans le cadre de cet accord, les pays se sont engagés à déposer leurs objectifs sur le bureau de l'ONU. La bonne nouvelle est que la quasi-totalité des États – et tous les plus importants – l'ont fait et que la somme de ces documents représente à l'horizon 2030 une amélioration de 8 % par rapport à ce que les États s'étaient imposés fin 2015.

C'est un progrès considérable et cela représente un effort sans précédent qui mérite d'être salué. Le danger auquel nous restons confrontés est que ce niveau d'émissions est d'environ du double de ce qu'il faudrait obtenir à l'horizon 2030 pour avoir les meilleures chances d'atteindre l'objectif d'un réchauffement de 1,5 °C seulement. Si les bons élèves sont globalement les États-Unis et l'Union européenne avec une réduction nette de leurs émissions, respectivement de 50/52 % et 55 %, l'Inde, pour sa part (7 % des émissions), ne vise la neutralité carbone qu'en 2070 au lieu de 2050 et – pire encore – la Chine (30 % des émissions) en 2060. Les pays en voie de développement se sont conservé de larges marges de manœuvre et les pays producteurs d'énergies fossiles n'arrivent pas à se dégager de l'énergie quasi gratuite dont ils disposent et moins encore à réduire les émissions liées à leurs processus d'extraction. Les conclusions de la COP 27 de Charm el-Cheikh en novembre 2022 n'ont pas permis d'avancer suffisamment sur ces points, ce qui est inquiétant. Une avancée significative a quand même été faite à la COP 28 en décembre 2023 qui a réaffirmé à l'unanimité l'objectif d'une neutralité carbone à l'horizon 2050. Deux pas en arrière, un pas en avant…

La clef est d'évidence la mise en place d'une taxe carbone qui diminue l'attractivité des énergies fossiles et déplace la rente qu'elles représentent des seuls pays producteurs vers l'ensemble des pays en fonction des objectifs de maîtrise du réchauffement climatique. Cette taxe permettrait largement de financer les 100 milliards de dollars annuels de transferts financiers liés aux politiques climatiques et prévus par l'accord de Paris. Nous sommes d'ores et déjà parvenus à 80 % de ces transferts financiers et, quoi qu'en disent ceux qui glosent sur l'égoïsme occidental, on est en train d'en faire le plein en 2023. Ces transferts sont, pour le moment, financés par les pays développés. Ils ont confirmé leur financement de manière très claire lors de la COP 27 de Charm el-Cheikh en novembre 2022, confirmée par la COP 28 en décembre 2023. Si la taxe carbone est cantonnée aux seuls pays développés, elle n'impactera pas leur économie car elle financera une charge qu'ils doivent déjà en tout état de cause supporter. Elle reste néanmoins difficile à mettre en place dans la période inflationniste et de flambée des prix des énergies fossiles que nous connaissons depuis le début de la guerre en Ukraine.

Les progrès accomplis sont réels, ils le sont de plus en plus, notamment en matière de contrôle et de « reporting » des résultats obtenus par les États qui sont une donnée absolument cruciale. Le détail des mesures sur une base commune s'organise – lentement – sur la base mise en place dans le cadre de l'accord de la COP 21, le « Paris Rulebook »...

Mais le danger persiste. Les mesures contraignantes de réduction des émissions de CO_2 auxquelles les États se sont astreints s'avèrent encore insuffisantes ; les principaux émetteurs de méthane, Chine en tête – de très loin –, n'incluent pas les émissions de ce gaz dans leurs programmes... et nous devons nous préparer à atteindre plutôt 3 °C de réchauffement que 1,5 °C. Cela semble négligeable. Ça ne l'est pas. Un monde à + 3 °C de plus est bien plus difficile à vivre qu'un monde à 1,5 °C de plus. Fort heureusement, les coûts qui y sont associés sont également beaucoup plus forts, ce qui est une vraie incitation à la vertu.

La déprime n'est pas de mise. Les États – les hommes, donc – ont fait beaucoup et surtout beaucoup plus que ce à quoi on pouvait légitimement s'attendre. Les progrès sont sans doute trop lents mais plus rapides que jamais, et c'est d'autant plus remarquable qu'ils sont dus aux efforts conjugués, pour imparfaits qu'ils soient, de près de 200 États souvent antagonistes. Cela ne suffira sans doute pas, mais la bonne attitude est de rester positif. Il est totalement faux – et surtout terriblement simpliste – de prétendre que la logique du profit multiplie sans freins les émissions au mépris du climat. C'est exactement l'inverse de ce qui se passe.

Il faut aussi – et surtout – se préparer à résister aux effets du réchauffement qui s'accélère. C'est l'essentiel et, là aussi, les progrès sont considérables. On a vu en matière de catastrophes naturelles la différence que fait la préparation. On peut n'avoir aucun mort dans la péninsule du Yucatan face à un ouragan de force 5 et 130 000 morts en Birmanie l'année suivante face à un ouragan de force 4.

L'importance vitale de la préparation interdit le défaitisme et le découragement. Le meilleur moyen de préparer les plus pauvres à résister au réchauffement climatique est qu'ils s'enrichissent. Tout ralentir et organiser la décroissance, c'est non seulement faire exploser la pauvreté immédiatement, mais c'est aussi laisser les plus pauvres exposés à un danger inévitable en échange d'un très hypothétique ralentissement du réchauffement. Il n'y aura plus d'eau, il va falloir la répartir ; il va y avoir plus d'habitants, il va falloir les nourrir ; il va y avoir des submersions, il va falloir reloger les gens… Le moment n'est pas venu de refuser de faire des enfants ni de prêcher la décroissance.

Il va falloir aussi protéger la biodiversité. Nous ne sommes pas les seuls sur cette petite planète et un grand nombre des autres habitants risquent de pâtir eux aussi du réchauffement climatique.

Ce n'est pas parce que le cataclysme annoncé dans le domaine de la biodiversité n'a pas encore eu lieu et que certains se sont un peu fourvoyés sur la rapidité des extinctions d'espèces qu'il faut négliger ce danger. Le risque qui pèse sur la biodiversité est réel et sérieux. Il ne s'agit pas seulement d'un problème moral. La biodiversité est une richesse et l'extinction d'un grand nombre d'espèces nous fait courir un risque d'appauvrissement. L'appauvrissement de la diversité du vivant pourrait avoir des conséquences sérieuses qui, une fois encore, concernent au premier chef les populations les plus faibles et les moins riches.

Prenons quelques exemples : la baisse de la biodiversité peut mettre en péril la sécurité alimentaire, non seulement en faisant disparaître une ressource directe, c'est le cas de certains poissons, mais aussi en perturbant les chaînes alimentaires d'une manière qu'il n'est même pas encore possible de prévoir. Elle peut aussi accentuer la vulnérabilité de populations envers certaines catastrophes naturelles. C'est par exemple le cas de l'érosion des récifs coralliens ou de la disparition des mangroves qui apportent une aide précieuse en cas d'inondations ou de tempêtes. La baisse de la biodiversité peut aussi priver les hommes de matières premières vitales. C'est notamment le cas pour le bois de chauffage dans des régions excessivement déboisées. On pourrait multiplier ce type d'illustration des risques à l'envi.

Nous avons déjà vu que le réchauffement climatique n'est ni la seule ni même la première cause des dangers qui pèsent sur la biodiversité. Le changement de destination des sols (urbanisation, déforestation, routes et autres), la surexploitation d'espèces sauvages – en particulier du poisson –, les pollutions diverses et la propagation d'espèces exotiques du fait des transports humains doivent aussi être pris en compte.

Il faut bien évidemment multiplier les réponses à ces menaces, mais, de nouveau, les choses ne sont pas toujours aussi simples qu'elles semblent l'être au premier abord.

Certaines mesures de protection de la biodiversité ne viennent pas en conflit avec d'autres impératifs et ne posent pas d'autres difficultés que leur coût et la volonté politique de les mettre en place. C'est le cas, par exemple, de la multiplication des zones protégées qui ont doublé en trente ans, en passant de 8,5 % de la surface des terres émergées en 1990 à plus de 17 % aujourd'hui, ce qui représente deux fois et demie la surface des États-Unis.

Beaucoup d'autres cas posent des problèmes de conflit entre des impératifs contradictoires. C'est ainsi, par exemple, que les mesures prises pour ralentir le réchauffement climatique ou en corriger les effets peuvent avoir un impact négatif fort sur la biodiversité. C'est le cas par exemple de la multiplication des barrages hydrauliques. Ils viennent noyer des zones sèches et modifier le cours et le flux des rivières. Rémy Fraisse, écologiste défenseur de la biodiversité, est mort en 2014 pour avoir tenté d'empêcher par la violence la mise en place d'un barrage hydroélectrique alors même que l'énergie hydroélectrique est encensée par les écologistes comme étant l'une des meilleures sources d'énergie décarbonée.

Il y a pire encore dans ce domaine, comme la mise en place de systèmes d'irrigation qui renforcent la capacité de production agricole dans des régions que le réchauffement assèche mais qui perturbent gravement la vie en eau douce et risquent de créer à terme une salinisation des sols extrêmement nuisible à la biodiversité. On pourrait encore mentionner les OGM qui peuvent présenter de très grands avantages en matière de résistance à la chaleur ou au stress hydrique

– ce qui pourrait les rendre indispensables à relativement court terme – mais qui pourraient en retour entraîner une forme d'uniformisation de certains pans du vivant végétal, du fait justement de leur meilleure résistance aux contraintes de l'environnement que celle des souches « naturelles ».

Dans un autre domaine, on peut aussi mentionner la position prise à la mi-2023 par les Chinois qui ont clairement remis la déforestation à l'ordre du jour dans leur pays, avec le style brutal qui caractérise leur gouvernement. L'idée n'est pas de déforester en soi, elle est d'améliorer l'indépendance alimentaire du pays le plus peuplé du monde et qui n'assure que 65 % de ses propres besoins.

On le voit bien, la concordance des dangers va devoir nous conduire à faire des choix et à hiérarchiser nos priorités.

La gouvernance

Depuis la fin de la guerre froide et de la coupable manie des superpuissances, à l'est comme à l'ouest, d'encourager les dictatures locales et les coups d'État, beaucoup de pays ont pris au moins partiellement le chemin de la démocratie, mais la tendance s'érode. Les jeunes démocraties, souvent pauvres, ne disposent que des moyens limités pour établir et consolider leurs institutions libérales, et les plus anciennes ont du mal à résister aux assauts des populistes de droite comme de gauche, des nationalistes exacerbés et des fanatiques de tout poil. Bolsonaro ou Trump ont été élus et ce dernier a été à un cheveu (de perruque) d'accréditer le coup d'État ubuesque du Capitole. Maduro, Boris Johnson, le Brexit, les séparatistes catalans, Podemos, Alexis Stypras, le score des extrémistes de droite comme de gauche en France aux élections de 2022… on pourrait multiplier les illustrations au cours de ces dernières années. Dernier avatar en date : l'élection de Milei en décembre 2023 comme président de l'Argentine. Ce brave garçon qui se définit comme anarcho-capitaliste est connu en vrac pour son opposition à l'avortement et son soutien à la vente libre d'armes, pour la libéralisation de toutes les drogues et l'interdiction de l'éducation sexuelle, pour sa négation du réchauffement climatique et son « plan tronçonneuse » visant notamment à supprimer les aides sociales de toute nature. Il traite régulièrement le pape François de « fils de pute » et de « connard » et converse avec ses cinq chiens, clones de Conan mort il y a six ans mais à qui il parle grâce à un médium. Les autres ne sont pas en reste : Conan « 2 » le conseille sur la stratégie générale, Milton est en charge de l'analyse politique, Murray est chargé de l'économie et Robert lui fait « voir le futur et lui fait apprendre de ses erreurs »…

Après de beaux progrès, la démocratie est donc plutôt une valeur en baisse, non seulement lorsqu'elle est mise en question, voire en échec par les populistes dans le cadre d'élections démocratiques, mais aussi lorsqu'elle s'embourbe partiellement dans des compromis très peu démocratiques comme au Nicaragua ou au Pakistan, voire carrément lorsqu'une dictature est mise en place comme au Venezuela. Un peu partout sur la planète, ces toutes dernières années, la tyrannie reprend du poil de la bête. Largement plus de la moitié de l'arsenal nucléaire mondial est contrôlée par des dictateurs comme Poutine ou Kim Jong-un… Soyons justes, il y a aussi quelques lueurs d'espoir plus ou moins durables comme en Gambie, en Arménie ou en Malaisie et – plus difficultueusement – en Éthiopie.

En quoi le risque de mauvaise gouvernance, c'est-à-dire l'arrivée au pouvoir de psychopathes, l'affermissement des tyrans ou l'affaiblissement des démocraties, est-il un danger qui mérite qu'on s'y arrête dans ces pages ?

J'aurais aimé pouvoir écrire que la famine et la misère ne peuvent reculer qu'en présence de systèmes démocratiques. Ce n'est malheureusement pas le cas. Il est utile – voire indispensable –, pour faire reculer la misère et la famine, de disposer de systèmes politiques pérennes, pas forcément démocratiques mais stables. C'est malheureux à dire, mais le cas de la Chine montre qu'une dictature qui adopte l'économie de marché et la croissance économique peut réussir à faire reculer la faim et la misère. Il y a aussi quelques exemples de modèles hybrides entre démocratie et dictature qui se sont avérés efficaces sur le plan économique, comme à Singapour.

En revanche, les dictatures, même stables, qui ne font pas ce choix de la croissance et de l'économie de marché sont vouées à l'échec en matière de misère et de malnutrition. La Corée du Nord le montre de manière éclatante quand on la compare avec la Corée du Sud, mais cela a aussi été le cas de la Chine pendant près d'un demi-siècle, de l'Union soviétique et d'autres, notamment des dictatures religieuses comme l'Iran ou l'Afghanistan. Quant aux dictatures instables comme au Venezuela ou dans de trop nombreux pays africains ou encore par le passé l'ensemble des dictatures d'inspiration plus ou moins fasciste ou nazie d'Europe et d'Amérique du Sud, cela ne fonctionne jamais. On cite parfois comme contre-exemple la dictature de Franco en Espagne, ce qui est partiellement exact, il faut bien le reconnaître, mais, d'une part, c'était une dictature stable et, d'autre part, le bond en avant de l'économie espagnole a, quand même, largement bénéficié de la libéralisation du pays.

En revanche, ce qui est certain et toujours vérifié, c'est qu'une démocratie ne laisse jamais mourir de faim ses ressortissants. La raison en est assez simple et a été bien décrite depuis des années par le prix Nobel d'économie indien Amartya Sen :

« Dans une nation démocratique, la pérennité d'un gouvernement est menacée par l'arrivée d'une famine. Il aurait des difficultés à résister aux critiques de l'opposition et à gagner les élections. C'est la raison pour laquelle la faim, sous cette forme aiguë, n'existe pas dans les pays démocratiques, même très pauvres. »

De, fait, on a beau chercher, hors de très courtes périodes suivant immédiatement une catastrophe majeure, il n'existe pas d'exemple de démocratie moderne qui ait laissé perdurer une famine, y compris lorsque des voisins non démocratiques se trouvant dans un état comparable – voire meilleur – laissaient tout ou partie de leur population mourir de faim.

Entendons-nous bien : il s'agit de famine, pas de malnutrition. La famine est insupportable en politique au sein d'une démocratie, mais la malnutrition chronique de tout ou partie de la population, non. La malnutrition est un état suffisamment « usuel » dans certains pays pour qu'un système démocratique puisse la laisser perdurer, pour la bonne et simple raison qu'il n'y a généralement pas d'autre choix à court terme. Il est pratiquement toujours possible de trouver des ressources contre une famine. Résoudre un problème structurel de malnutrition est une tout autre histoire. Cela suppose une croissance économique globale, des réformes structurelles, du temps et des moyens, une volonté politique et une compétence.

Si l'expérience nous montre que la démocratie est toujours incompatible avec la famine, il est heureux qu'elle ne le soit pas avec la malnutrition. Si c'était le cas, cela signifierait que seuls les pays développés peuvent accéder à la démocratie, alors qu'en fait la démocratie est l'un des moyens – malheureusement pas le seul mais quand même l'un des moyens – de juguler progressivement la malnutrition.

L'autre atout de grande ampleur de la démocratie est qu'elle est un évident facteur de paix. Là encore, entendons-nous, il y a bien évidemment une kyrielle d'exemples de pays démocratiques qui participent à des guerres. C'est notamment le cas de la France aujourd'hui, nous l'avons vu. Les pays démocratiques ont également pu se livrer à des guerres « internes », par exemple dans le cas de la décolonisation, comme la guerre d'Algérie, mais ce qui est intéressant, c'est qu'il n'existe dans l'histoire aucun cas de deux démocraties en guerre l'une contre l'autre.

Aucun !

Rappelons juste rapidement que les cinq contre-exemples généralement cités pour essayer de contrer cette affirmation ne sont pas vraiment pertinents. Il s'agit d'abord de la guerre anglo-américaine de 1812. À cette époque, le Royaume Uni n'est pas vraiment une démocratie et il s'agit surtout d'une résurgence de guerres coloniales par laquelle les États-Unis, envahisseurs du Canada, tentaient de détacher cette colonie à la couronne britannique. Il en va de même de la guerre hispano-américaine de 1898. Le royaume d'Espagne n'était pas une véritable démocratie mais surtout il s'agit de nouveau de guerres coloniales, concernant principalement l'indépendance de Cuba. On cite ensuite généralement la Première Guerre mondiale, mais c'est oublier qu'aucun des belligérants du côté des empires centraux n'est une démocratie à cette époque (Empire d'Allemagne, Empire austro-hongrois, Empire ottoman et Bulgarie). Même chose pour le conflit israélo-libanais de 2006. Le Liban est alors un pays divisé en factions et les véritables adversaires d'Israël sont le Parti socialiste nationaliste syrien, le Hezbollah, le mouvement Amal, l'Iran et la coalition militaire AAH irakienne qu'il soutient, le Parti communiste libanais et le FPLP. On ne peut vraiment pas parler de coalition démocratique. Il ne reste que la guerre d'Ossétie du Sud qui, non seulement est une sédition d'une partie de la Géorgie et non une guerre entre démocraties, mais surtout est largement pilotée par la Russie que l'on ne peut guère considérer comme démocratique.

Bref, les démocraties ne se font jamais de guerre entre elles. Les démocraties ont des armées, elles se défendent, elles interviennent sur des territoires étrangers qui ne sont pas des démocraties, il a même pu leur arriver de mener des guerres de décolonisation mais elles ne se font pas la guerre État contre État entre elles ! L'une des reconnaissances internationales les plus marquantes de cet état de fait est l'attribution du prix Nobel de la paix à l'Union européenne en 2012. Il faut dire que, depuis 1945, aucun conflit n'est intervenu entre les 27 démocraties qui la forment, alors que, de l'an 900 à 1945, soit pendant plus de mille ans, ces mêmes pays se faisaient en moyenne, que ce soit à un contre un ou à plus de belligérants, deux fois la guerre… par an, nous l'avons déjà dit !

Le fait que les démocraties ne se battent jamais entre elles est une excellente raison pour encourager l'évolution démocratique du plus grand nombre de pays possible. Ne nous sentirions-nous pas un peu plus en sécurité et dans un monde meilleur si la Russie, la Chine et la Corée du Nord étaient des démocraties ?

Le recul démocratique de ces dernières années doit être non seulement freiné, mais encore inversé. Le vrai danger est que cela n'en prend pas vraiment le chemin. Trois facteurs se conjuguent pour faire barrage à la démocratie quand elle n'est pas encore installée ou même la faire reculer lorsqu'elle existe.

Le premier est le regain des tentations religieuses dans le débat politique et particulièrement de l'Islam. Les exemples sont multiples, notons pêle-mêle la reprise du pouvoir par les talibans en Afghanistan, la percée de Daesh en Irak et en Syrie – qui n'a pu être jugulée qu'en acceptant de travailler avec le régime de Bachar el-Assad –, Al Qaeda, la prévalence Boko Aram et du terrorisme islamique au Sahel, le Soudan, les tendances intégristes de la Turquie d'Erdoğan, le maintien des ayatollahs en Iran et leur influence dans toute la région jusqu'au Liban, l'échec démocratique du Printemps arabe au profit des islamistes… On pourrait malheureusement continuer cette litanie. La tendance n'est pas récente mais elle ne se tarit pas. Le propos n'est en rien de critiquer l'Islam. La chrétienté ou l'hindouisme ont, eux aussi, commis des horreurs au nom de la religion et il y a de véritables saints dans toutes les religions. Le propos est juste de constater que, quelle que soit la religion, son intervention dans le gouvernement temporel des hommes est un recul.

Le deuxième des facteurs de danger pour la démocratie est la crispation des peuples qui aboutit à une tentation populiste de droite ou de gauche de plus en plus forte. C'est vrai un peu partout mais dans les démocraties c'est particulièrement inquiétant car cette crispation finit par porter au pouvoir des

Trump, des Bolsonaro ou des Boris Johnson. C'est encore le maintien au pouvoir des Chavistes de Maduro plébiscités en 2021 par des élections régionales pour le moins « étranges ». Ce n'est pas une saine « respiration » démocratique. On oublie que les démocraties sont fragiles et que ces populistes en sont le talon d'Achille. Hitler et Mussolini ont été démocratiquement élus et les scores de La France insoumise et du Rassemblement national dans notre pays sont préoccupants.

Le troisième de ces facteurs antidémocratiques est le déplacement des enjeux politiques vers des institutions transnationales. Au moment où les questions qui se posent ne peuvent être résolues qu'à l'échelle mondiale, ce mouvement est une nécessité mais il recèle en lui-même des dangers significatifs. L'Union européenne est en partie une réussite mais elle se donne une image de technocratie tatillonne. Cela accrédite la double thèse de son inefficacité sur le plan international, en particulier lors des conflits dans les Balkans et de son déficit démocratique sur le plan de son fonctionnement qui finit par lui faire endosser le rôle commode de bouc émissaire.

D'autres institutions transnationales donnent des résultats intéressants. L'ONU, d'abord, et ses multiples ramifications. L'ONU n'arrive pas à enrayer toutes les guerres, certes – comment le pourrait-elle lorsque, par exemple, la Russie dispose d'un droit de veto –, mais ses initiatives de paix ont plutôt obtenu de bons résultats et ses actions culturelles et plus encore contre la faim doivent être saluées. La plus impressionnante des réalisations de l'ONU reste ce que l'on a fini par populariser sous le nom de COP. Revenons-y un instant. Il s'agit en fait d'une espèce d'assemblée générale des parties à un accord (Convention of the Parties – COP). Il existe des COP dans bien des domaines. C'est un outil qui est assez généralement créé lorsqu'un traité multilatéral sous l'égide des Nations Unies est signé entre de nombreux pays, mais les trois « COP » qui sont les plus marquantes sont celles qui ont été créées en matière environnementale au sommet de la Terre de Rio en 1992. Elles concernent la diversité biologique, la lutte contre la désertification et les changements climatiques. Outre l'action concrète et contraignante pour le climat, l'intérêt majeur de cette dernière COP (en réalité, la Convention des Parties de la Convention-cadre des Nations Unies sur les changements climatiques – CCNUCC ; en anglais : United Nations Framework Convention on Climate Change, UNFCCC) est d'offrir un organe de décision au niveau mondial.

Ce n'est pas un organe démocratique et, d'ailleurs, il n'est ni possible ni souhaitable qu'il le soit.

C'est un organe diplomatique. Le monde est trop divisé, culturellement, politiquement, économiquement, religieusement. Il n'est pas possible en tout cas, pas avant longtemps – d'imaginer une démocratie au niveau mondial. Tous les pays ne sont pas des démocraties. On n'est, à l'évidence, vraiment pas en état de faire élire des dirigeants communs par les Coréens du Nord et les Japonais, les Iraniens et les Israéliens, les Afghans et les Américains, les Chinois et les Taïwanais, les Pakistanais et les Indiens, les Thaïlandais et les Cambodgiens, les Russes et les Ukrainiens ou les Géorgiens… on pourrait continuer longtemps.

Pour qu'une démocratie représentative puisse fonctionner, il faut que les gens se sentent représentés, qu'ils aient le sentiment d'appartenir à une même communauté au sein de laquelle ils puissent élire leurs représentants et non pas les voir diluer dans un magma dans lequel leur communauté n'est qu'une petite minorité. Les problèmes – ou, plutôt, certains problèmes – sont devenus mondiaux. On peut atteindre n'importe quel point du monde en quelques heures, mais les mentalités et les cultures n'évoluent pas aussi vite que les transports et la communication. Il n'y a pas encore de nation planétaire et il n'est même pas souhaitable qu'il y en ait une, en tout cas tant que des disparités de tous ordres déchirent ou, au moins, séparent les entités dans lesquelles les humains se reconnaissent. Les langues et les cultures existent. Elles doivent vivre ensemble mais elles ne doivent pas – et elles ne peuvent pas – fusionner dans un ensemble politique qui ne serait que le plus petit commun dénominateur entre toutes ses parties. Il suffit de voir comment nous autres, Européens, traitons cette pauvre Union européenne pour se rendre compte qu'une entité politique mondiale est, pour fort longtemps, un leurre inatteignable.

Mais une réponse aux problèmes mondiaux existe quand même. Les décisions ne sont pas nécessairement le fait d'entités étatiques démocratiquement élues. Les États peuvent se parler entre eux, prendre des décisions communes, créer des règles auxquelles ils adhèrent et même qui les contraignent. C'est un peu plus difficile que la démocratie car cela ne peut pas résulter de décisions majoritaires. Les communautés d'États ne peuvent fonctionner positivement qu'à l'unanimité… jusqu'à ce que les États acceptent d'adhérer à une entité commune plus vaste qui peut les contraindre selon des règles librement consenties et que le coût de leur défection dépasse l'avantage qu'ils retirent de cette adhésion.

L'idée n'est pas nouvelle. La première mise en œuvre entre les deux guerres mondiales, la Société des Nations, n'a pas été un franc succès… mais l'ONU évolue. On lui a reproché de ne pas être assez efficace lors de l'explosion de l'ancienne Yougoslavie. Le reproche devrait, d'ailleurs, plutôt être adressé à l'Union européenne. On lui reproche de donner un droit de veto à cinq membres permanents qui peuvent la paralyser... mais vous croyez vraiment que la Chine ou les États-Unis et, *a fortiori*, la Russie adhéreraient à l'ONU si elles ne disposaient pas de ce droit ? Encore heureux que la France et le Royaume Uni puissent également en bénéficier.

Mais l'ONU vient de nous montrer qu'elle pouvait fédérer la quasi-totalité des États de la Terre face à la menace climatique. On peut se gausser, une gamine peut envoyer en pleine face aux représentants de toutes les Nations Unies qu'ils ne sont que les « soi-disant dirigeants irresponsables » de la planète, mais ce qui a été fait par la COP 21 à Paris puis confirmé par la COP 26 est phénoménal et efficace.

Le principal danger est qu'une poussée extrémiste vienne remettre tout cela en question, quitte à pousser certains des pays à quitter le processus. Ce qui se fait est absolument remarquable. Citons, pour bien le comprendre mot à mot, ce que l'on trouve sur le site de l'ONU :

« L'objectif ultime de la Convention est de stabiliser les concentrations de gaz à effet de serre à un niveau qui empêche toute perturbation anthropique dangereuse (induite par l'homme) du système climatique. » Elle précise qu'*« un tel niveau devrait être atteint dans un délai suffisant pour permettre aux écosystèmes de s'adapter naturellement au changement climatique, pour garantir que la production alimentaire ne soit pas menacée et pour permettre au développement économique de se poursuivre de manière durable »*.

Tout est dit en quelques mots sur l'équilibre de ce qui doit être fait et qui est fait effectivement car les États qui peuvent être par ailleurs antagonistes se sont retrouvés sur le terrain diplomatique.

Une solution timide sans doute mais réelle a été trouvée à un problème insoluble. La France, en particulier grâce à Laurent Fabius et quelques autres, a terriblement œuvré pour permettre à cette lueur d'espoir d'apparaître. Impressionnant.

Ne mettons pas cela en danger par fanatisme climatique !

Pour en finir avec le burn-out climatique

Les faits sont complexes. Ils sont ce qu'ils sont et ne se plient aux analyses simplistes ni des climatosceptiques ni des écologistes. Rien n'est noir ni blanc mais il est sûr que les choses sont bien plus roses que nous n'avons tendance à le penser.

Le « burn-out » climatique dans lequel on essaie à toute force de nous engluer est une absurdité. Notre monde est beau et bon, il est surtout meilleur et plus porteur d'espoir qu'il ne l'a jamais été. Nous avons des problèmes à régler comme il y en a toujours eu. Ils sont réels, ils sont sérieux et nous devons agir avec fermeté et détermination. La différence essentielle des problèmes d'aujourd'hui par rapport à ceux du passé est qu'aujourd'hui, pour la première fois, nous avons les moyens et la volonté d'y remédier, ce qui n'a jamais été le cas dans l'ensemble de l'histoire humaine.

Réjouissons-nous : les dangers et les difficultés auxquels nos ancêtres ont dû faire face sur des dizaines de milliers de générations et jusqu'à celle de nos parents ou grands-parents étaient infiniment pires que ceux auxquels nous sommes aujourd'hui confrontés. Ils ne sombraient pas pour autant dans le burn-out face à la famine généralisée, aux centaines de millions de morts de la peste ou au déferlement des barbares hitlériens ou staliniens.

La population mondiale qui a atteint 8 milliards d'individus va continuer à croître de plus en plus lentement jusqu'à un maximum de 10 ou 11 milliards, peut-être un peu moins, avant de régresser à la fin de siècle, peut-être un peu plus tôt.

Nous avons les moyens de nourrir convenablement nos 8 milliards de frères et sœurs, et nous aurons le moyen de nourrir les 10 milliards de demain. Il ne sera pas nécessaire pour autant de désertifier la planète par une déforestation massive. Ce n'est pas une vue de l'esprit, nous l'avons déjà fait à bien plus grande échelle. Si le défi d'aujourd'hui est sérieux, avoir relevé celui d'hier en améliorant de 30 % la nutrition d'une humanité qui triplait de taille en une génération était unanimement jugé comme impossible par tous les Cassandres scientifiques de l'époque... c'est pourtant bien ce que nous avons fait, et l'avoir fait en n'augmentant les surfaces cultivées que de 12 % relève du miracle et d'un vrai sens des responsabilités de l'homme envers son environnement.

Jusqu'à la fin 2019, on pouvait affirmer que le monde n'avait jamais été aussi accueillant et aussi peu pollué, que l'humanité n'avait jamais été aussi avancée, aussi bien nourrie, en meilleure santé, que jamais on n'avait vécu aussi longtemps et en si bon état, que jamais on n'avait eu aussi peu de guerres, que jamais les enfants en général – et les filles en particulier – n'avaient eu meilleur accès à l'éducation... Et ce partout sur la planète, y compris dans les pays les plus pauvres. Aucun de ces problèmes n'était totalement réglé, mais on avait progressé sur chacun d'entre eux dans des proportions absolument fantastiques. Les progrès accumulés au cours des cent, cinquante, trente dernières années étaient sans précédent dans les 200 000 ans de l'histoire de l'humanité. On gagnait un trimestre de vie et de vie en bonne santé par an et l'on pouvait raisonnablement espérer avoir éradiqué la famine partout dans le monde à l'horizon 2030 !

En 2019, pour la première fois depuis des décennies, la décroissance mondiale entraînée par la Covid a réduit plus drastiquement que jamais les émissions de gaz à effet de serre d'origine humaine. Cela n'a eu aucun effet mesurable sur le climat mais cela a plongé 150 millions de personnes de plus dans la misère la plus noire, chiffre qu'il faut doubler pour tenir compte des personnes qui se sont retrouvées dans la misère… sans doute pas aussi noire que la famine évoquée ci-dessus mais quand même bien plus terrifiante que les pires misères que nous connaissons dans les pays développés. Nous avons régressé de quinze ans d'un coup et pour la première fois sur quasiment tous les fronts.

Nous sommes en train de gommer progressivement les conséquences de ce coup de semonce sans précédent. Déjà l'espérance de vie est repartie à la hausse… mais les conséquences sur la misère la plus noire seront plus longues à compenser.

Le réchauffement climatique est une réalité et l'activité humaine l'accélère. Les gouvernants du monde ont réussi à trouver les moyens diplomatiques d'agir concrètement… ceux qui estiment qu'on n'en fait pas assez ne se rendent pas compte du chemin accompli. Surtout, beaucoup d'entre eux proposent de passer à la « décroissance heureuse » qui est pire qu'une vue de l'esprit de bobos nantis, c'est une imbécillité criminelle. On vient de toucher du doigt les effets terrifiants sur la misère du monde qu'a entraînés de manière immédiate une décroissance modeste. On ne pourrait pas, pour une fois, apprendre les leçons que la réalité nous enseigne? On veut vraiment reproduire volontairement les horreurs que la pandémie a imposées aux plus pauvres?

Le réchauffement se produira quoi qu'on fasse. Il est enclenché depuis 12 000 ans. Ce n'est pas une raison pour rester immobiles. Il faut éviter que les activités humaines ne l'accélèrent dans des proportions inquiétantes. Nous pouvons et nous devons limiter les effets du réchauffement climatique... mais nous ne devons pas laisser une peur irraisonnée nous faire prendre des mesures absurdes, des mesures guidées par l'écologisme fanatique et non pas l'écologie responsable, des mesures qui créeraient des drames bien pires que ceux que l'on cherche à éviter.

Rassurons-nous: deux bonnes nouvelles nous permettent de croire que, malgré la pression irresponsable des médias et la folie de l'écologisme, nous n'allons pas courir à la catastrophe avec la fleur au fusil. La première bonne nouvelle est que les dirigeants du monde entier parviennent à mettre de côté leurs antagonismes pour agir concrètement comme ils l'avaient déjà fait pour résoudre le problème du trou dans la couche d'ozone. La seconde bonne nouvelle est que les solutions existent, que nous allons résoudre la question énergétique comme celles des denrées alimentaires, des terres rares et des autres ressources limitées.

Toutes les réponses sont à portée de nos mains.

Il ne faut pas pour autant s'endormir sur nos lauriers. Le monde a beau être objectivement bien meilleur qu'il ne l'a jamais été, les solutions ont beau exister, solutions que nous allons mettre en œuvre, nous devons quand même faire face à des dangers sérieux, comme toutes les générations qui se sont succédé avant nous.

Le premier et le plus grave de tous ces dangers est le risque de faire plonger dans la famine totale, ou dans la misère noire, de plus en plus d'individus parmi ceux qui sont déjà les plus pauvres. Notre responsabilité collective est d'empêcher ce qui pourrait se produire : il ne faut surtout pas que le burn-out climatique nous conduise à commettre ce crime.

La deuxième série de ces dangers qui nous menacent ressemble comme la famine à une résurgence du passé. Il s'agit du retour des pandémies et des guerres.

Nous avons connu trois pandémies en un siècle. Trois pandémies sur les sept que le monde a connues en 1 500 ans ! Quelle accélération ! Ce n'est pas tant la mondialisation qui en accélère le rythme. La peste noire, bien pire, s'est développée alors que les échanges mondiaux étaient fort modestes ; la grippe espagnole, aussi. Force est juste de constater que nous ne sommes pas à l'abri d'une nouvelle pandémie et de ses conséquences catastrophiques directes et – surtout – indirectes. Il faut nous préparer à prendre des mesures sans doute plus efficaces et moins destructrices que celles qui ont été adoptées pour tenter de pallier la Covid.

Quant aux guerres, qui ne sont malheureusement pas une nouveauté, l'élément nouveau est qu'au moins une puissance nucléaire majeure se sent de nouveau autorisée à renouer avec la triste habitude des guerres de conquête. Il faut que l'invasion de l'Ukraine par la Russie reste un cas isolé. L'insuffisance des réactions des puissances américaine, européennes, chinoise, onusiennes et autres face à la conquête de la Crimée en 2014 a encouragé les vues impérialistes du Kremlin. Nous ne pouvons pas nous permettre de laisser la violence russe continuer à déferler sur ses voisins, mettre en danger la Biélorussie, la Géorgie, les Pays baltes et – pourquoi pas ? – la Finlande ou la Pologne... et plus loin, avec d'autres puissances nucléaires, Taïwan, le Cachemire ou même la Corée du Sud ou – pourquoi pas ? – la Jordanie. Là encore, nous prenons les mesures adéquates pour y parvenir en minimisant le risque d'une réaction nucléaire.

Le réchauffement planétaire est aussi un enjeu majeur de notre siècle. Il n'est pas politiquement correct de dire que l'enjeu climatique – qui est réel – vient en termes de gravité après la famine, les pandémies – qui augmentent la famine dans des proportions épouvantables – et le renouveau des guerres. C'est pourtant la réalité.

Le réchauffement climatique est un enjeu. Ce n'est pas un risque. Un risque est une chose qui peut ne pas se produire. Le réchauffement climatique, lui, se produira quoi qu'on fasse. Le risque, c'est la rapidité de son développement. C'est là-dessus que nous pouvons et que nous devons avoir un impact. C'est difficile à comprendre tant la part humaine des émissions de gaz à effet de serre est limitée par rapport à l'ensemble des émissions, mais c'est un fait. Les solutions à ce problème ne consistent en aucun cas à céder au découragement et au burn-out climatique. Paradoxalement, la meilleure – en fait, la seule – des solutions consiste au moins dans un premier temps à continuer à augmenter les émissions de CO_2. Il ne s'agit pas de les augmenter dans les pays développés où nous devons continuer à faire les plus grands efforts pour assurer la neutralité carbone. Il s'agit de nous assurer que les pays les plus pauvres – en particulier en Afrique subsaharienne – accèdent au développement qui est le seul moyen d'assurer leur sécurité et leur prospérité face aux conséquences du réchauffement climatique.

Il ne faut pas négliger non plus les risques qui pèsent sur la diversité de la vie. Ils ne sont pas, à ce jour, aussi avérés que ce que l'on prétend un peu partout, mais c'est un risque potentiel sérieux. Les principaux facteurs sur lesquels nous pouvons influer sont la déforestation et la pollution. Dans les deux cas, nous avons accompli des progrès considérables et, dans les deux cas, la meilleure des réponses est de nouveau le développement économique. Plus un pays est riche et développé, plus il fait des efforts pour augmenter la surface de sa forêt, pour protéger et nettoyer son environnement. Des pays comme l'Allemagne, le Royaume-Uni ou la Suède sont parmi les plus vertueux en matière de biodiversité et surtout parmi ceux qui ont fait le plus de progrès… À l'autre bout du classement, on trouve Haïti, la Somalie, le Soudan ou le Libéria. CQFD.

Bref, dans toute l'histoire humaine, le monde n'a jamais été aussi merveilleux, beau, juste, habitable qu'aujourd'hui. Le « bon vieux temps » est un mythe – qui n'a rien de récent – et les conditions de vie des tribus reculées de l'Amazonie ne sont absolument pas enviables. L'état de nature est un état de surmortalité et de famine. *Avatar* est un film, non un but, même s'il est légitime et souhaitable de nous rapprocher de la nature et de la respecter mieux encore que nous ne le faisons.

Nous devrions être fiers des progrès que nous avons accomplis en quelques décennies. Les solutions sont à portée de la main. L'humanité va cesser de croître. Nous avons les technologies qui nous permettront de résoudre les enjeux énergétiques, de pollution, d'alimentation, de pauvreté. Nous devrions continuer à avancer avec enthousiasme, à faire les enfants dont le monde a besoin. C'est l'enthousiasme qui permet le développement qui est la clé qui nous permettra de répondre aux enjeux qui sont ceux d'aujourd'hui. Ces enjeux sont sérieux et ils sont un peu différents de ceux qu'on nous serine, mais ils sont bien moindres que ceux que l'humanité a brillamment jugulés de siècle en siècle et singulièrement au cours des cent, cinquante et trente dernières années.

Bibliographie

ACOT Pascal, *Histoire du climat.*

ADEME (Agence de l'environnement et de la maîtrise de l'énergie), référent Alain GENDRON, *L'Épuisement des métaux et minéraux, faut-il s'inquiéter ?*

Agence française pour la biodiversité, *Biodiversité Changer Agir. Les conclusions de la première évaluation intergouvernementale de l'IPBES.*

ANDREIS Raphael de, SCALI Bertil, *Air.*

ANDREIS Raphael de, SCALI Bertil, *Mer.*

BAILEY Ronald, *The End of the Doom : Environmental Renewal in the 21st Century.*

BANQUE MONDIALE, *World Development Indicators.*

BANQUE MONDIALE, *World Bank Blogs page La nouvelle classification mondiale des pays en fonction de leur revenu 2020-2021.*

BETTMAN Otto, *The Good Old Days : They were Terrible.*

BREGMAN Rutger, *Humanité : une histoire optimiste.*

BREKE Peter, *Conflict Catalog – CGEH.NL/data#conflict.*

BROWN Lester, *Mobilizing to save Civilization.*

BUENO Antoine, *Le Permis de procréer.*

CABANES Valérie, *Un nouveau droit pour la Terre.*

DEATON Angus, *La Grande Évasion. Santé, richesse et origine des inégalités.*

DIAMANDIS & KOTLER, *Abundance : The Future is Better than you think.*

DIAMOND Jared, *Collapse.*

DIAMOND Jared, *Guns, Germs and Stell.*

DUFLO Esher et BANERJEE Abhijit, *Économie utile pour des temps difficiles.*

DUROSELLE Jean-Baptiste, *Tout empire périra. Théorie des relations internationales.*

EASTERLY William, *The White's Man Burden.*

École de politique appliquée – Université de Sherbrooke, *Perspectives monde.*

ENS de Lyon – GOECONFLUENCE, *Dossiers thématiques : (1) Géographie critique des ressources, énergie, matières foncier, (2) Développement inégalités richesse et pauvreté, (3) Océans et mondialisation, (4) Risques et société, (5) Le Développement durable, approche géographique.*

EHRLICH Paul, *La Bombe « P ».*

FAO, FIDA, OMS, PAM et UNICEF, *État de la sécurité alimentaire et de la nutrition dans le monde 2022.*

FONTENOY Maud, *Les Raisons d'y croire.*

FONTENOY Maud, *Ras le bol des écolos.*

FOUCARD Stéphane, *Le Populisme climatique.*

GANDHI Indira, article dans le *Times of India* du 15 juin 1972.

GATES Bill, *Climat : comment éviter un désastre.*

GODEFRIDI Drieu, *L'Écologisme, nouveau totalitarisme ?*

GOKLANI Indur, *The Improving State of the World [...].*

GORE Al, *Urgence planète Terre.*

GOUVERNEMENT DU CANADA, *Faits sur les éléments des Terres Rares.*

GOUVERNEMENT FRANÇAIS, *site Biodiversité.gouv.fr*

GRAY John, *Heresis against Progress and Other Illusions.*

GREEN Philippe, *Guide écofrugal, solutions écologiques et économiques.*
Groupe international d'experts sur le climat (GIEC/IPCC), *Rapport 2022 – 6e Rapport d'évaluation (et les cinq précédents).*
HARARI Yuval Noah, *Homo Deus.*
HULOT Nicolas, *Pour un pacte écologique.*
Institut national des études démographiques (INED), *Tout savoir sur la population* (site Internet).
Institut national de la statistique et des études économiques (INSEE), *L'Essentiel sur la pauvreté – 10 octobre 2021.*
Institut international pour la démocratie et l'assistance électorale (IDEA), *État de la démocratie dans le monde en 2019. Rapport de l'évaluation mondiale de la biodiversité et des services écosystémiques.*
International Labour Organization, *World Social Protection Report.*
JANOVOVICI Jean-Marc, GREANJEAN Alain, *C'est maintenant. 3 ans pour sauver le monde.*
KERVASDOUÉ Jean de, *La Peur est au-dessus de nos moyens.*
LARONCHE Martine, *Entretien avec Amartya Sen, prix Nobel d'économie* (*Le Monde* du 13 juin 2022).
LECOMTE Jacques, *Le Monde va beaucoup mieux que vous le croyez.*
MANUGUERRA Jean-Claude, GUESSAIN Antoine, *Les Virus émergents.*
MOYO Dambisa, *L'Aide fatale. Les ravages d'une aide inutile et de Nouvelles solutions pour l'Afrique.*
NELSON & WINTER, *An Evolutionary Theory of Economic Change.*
NORBERG Johan, *Progress.*
Office français de la biodiversité (OFB), *La Biodiversité en danger* (Université populaire de la biodiversité, site OFB).
OMRAN Abdel R., *The Epidemiologic Transition: A Theory of the Epidemiology of Population Change (Milbank Memorial Fund Quarterly).*

ONFRAY Michel, *La Vengeance du pangolin.*

ONU, *World Population Prospects.*

ONU Info, *Bulletin* du 1er septembre 2021.

PERTHUIS Christian de, *Où en est l'Accord de Paris sur le climat? (IFRI, mars 2022).*

PITRON Guillaume, *La Guerre des métaux rares. La face cachée de la transition énergétique et numérique.*

PNUD, *Rapport sur le développement humain.*

Revue de l'Institut polytechnique de Paris, site Polytechnique-Insights.com

RIDLEY Mat, *The Rational Optimist.*

ROSENBLATT Helena, *The Lost History of Liberalism.*

ROSLING Hans, *Factfulness.*

SECOURS CATHOLIQUE, *État de la pauvreté en France 2021.*

SENILHES Arnaud de, *Il était Temps.*

SERRES Michel, *C'était mieux avant.*

SMIL Vaclav, *How the World Really Works : A Scientist's Guide to Our Past, Present and Future.*

SMIL Vaclav, *Enriching the Earth : Fritz Haber, Carl Bosch and the Transformation of World Food Production.*

SMIL Vaclav, *Numbers Don't Lie : 71 Stories to Help Us Understand the Modern World.*

STEIN Herbert, *On the Other Hand. Essays on Economics and Politics.*

Union internationale pour la conservation de la Nature (UICN/IUCN), *site Internet IUCN. org*

United States Census Bureau, *Report on Poverty 2021.*

World Meteorological Organization – Organisation météorologique mondiale, *Atlas de la mortalité et des pertes économiques dues à des phénomènes météorologiques, climatiques et hydrologiques extrêmes (1970-2019).*

Cet ouvrage a été mis en pages
par IGS-CP à L'Isle-d'Espagnac (16)

sepec
numérique
Impression & brochage - France
Numéro d'impression : SN0000010313
Achevé d'imprimer : mars 2024
IMPRIM'VERT®